U0311058

北京建筑大学学术著作出版基金资助出版
北京市未来城市设计高精尖创新中心

液氧固碳全封闭内燃机
CO_2 固化和着火机理

刘永峰　著

科学出版社
北　京

内 容 简 介

本书主要介绍了液氧固碳全封闭内燃机 CO_2 固化和着火机理。全书内容共计 5 章，第 1 章概述了该特种内燃机的研究意义和国内外发展状况；第 2 章和第 3 章分别介绍了柴油机 CO_2 固化和汽油机 CO_2 固化；第 4 章主要介绍了柴油在 O_2/CO_2 环境下的着火机理，分析了柴油的着火特性；第 5 章对全书进行了总结，并对液氧固碳全封闭内燃机未来的研究工作进行了展望。本书采用仿真和试验相结合的方法进行研究，科学合理，便于读者理解。

本书内容新颖，结构清晰，可作为特种内燃机相关领域学习和研究的参考书，也可为涉及闭式循环内燃机研究的工程师和科技人员提供参考。

图书在版编目（CIP）数据

液氧固碳全封闭内燃机 CO_2 固化和着火机理/刘永峰著. —北京：科学出版社，2019.8

ISBN 978-7-03-062060-6

Ⅰ. ①液… Ⅱ. ①刘… Ⅲ. ①气体燃料内燃机-着火特性 ②二氧化碳-固化 Ⅳ. ①TK43 ②O613.71

中国版本图书馆 CIP 数据核字（2019）第 167066 号

责任编辑：万瑞达 / 责任校对：陶丽荣
责任印制：吕春珉 / 封面设计：东方人华平面设计部

科 学 出 版 社 出版
北京东黄城根北街 16 号
邮政编码：100717
http://www.sciencep.com
三河市骏杰印刷有限公司 印刷
科学出版社发行 各地新华书店经销
*
2019 年 8 月第 一 版 开本：B5（720×1000）
2019 年 8 月第一次印刷 印张：8
字数：158 000
定价：58.00 元
（如有印装质量问题，我社负责调换〈骏杰〉）
销售部电话 010-62136230 编辑部电话 010-62135397-2047

前　言

　　常规柴油机由进（空）气、压缩、做功（燃烧）和排气 4 个工作过程组成，其以良好的动力性和经济性，广泛应用于国民经济建设和国防领域，尤其是作为建筑机械和工程机械的动力源，具有不可替代的优势。但是，由于常规柴油机中柴油在燃烧室中与空气燃烧，不可避免地会产生多种排放物，这成为限制柴油机发展的重要因素。即使柴油完全燃烧也将产生 CO_2 和 H_2O，CO_2 是无毒气体，但在封闭环境（如隧道、矿井、坑道和潜艇等）中其浓度过高可导致人窒息死亡。为减少对工作人员的伤害，在封闭环境中需要更精确地控制柴油机的排放物，于是寻找新型燃烧方式和控制策略便成了科研工作者不断追求的目标。其中，一种不同于常规柴油机的燃烧方式被称为闭式循环。闭式循环是指进气由"人造大气"组成，排出的尾气利用特殊装置进行吸收，整个动力装置完全封闭，无排气污染，工作不受外界环境影响，可工作于特殊环境。发展闭式循环柴油机能够满足某些特殊环境下使用柴油机的要求，成为在特殊环境下使用柴油机的一种选择，是当今世界先进柴油机技术研发的重要方向。

　　近年来，一种被称为液氧固碳的循环方式引起了广泛关注，其用液态 O_2 汽化吸热来将内燃机尾气中经冷却的一部分 CO_2 固化成干冰，未固化的 CO_2 与汽化的 O_2 组成混合进气，使燃油在 O_2/CO_2 协同作用下进行燃烧。考虑到这种新式循环内燃机的液氧固碳、喷雾蒸发、混合气形成、着火和燃烧、CO_2 冷却和 EGR（exhaust gas recirculation，废气再循环）率等是一个极其复杂的科学问题群，尤其 CO_2 固化和着火是此种循环柴油机的核心问题和发展瓶颈，且有着独特的着火特性，决定着液氧固碳闭式循环内燃机发展的成败，本书将对内燃机在 CO_2 固化和着火过程中所涉及的几个关键科学问题进行阐述。本书的研究对丰富内燃机 CO_2 固化和着火理论有一定的意义，并为在特殊环境下新型内燃机的工作循环提供理论支撑。

　　本书是作者在国家高技术研究发展计划（"863"计划）、国家自然科学基金、北京市自然科学基金（3192011）、住房和城乡建设部科学技术计划和北京建筑大学市属高校基本科研业务费专项资金（X18083）等持续支持下，依托北京市未来城市设计高精尖创新中心、城市轨道交通车辆服役性能保障北京市重点实验室和北京市建筑安全监测工程研究中心，历经十余年的工作积累完成的。其间，作者发表 SCI（Science Citation Index，科学引文索引）收录论文 33 篇，EI（Engineering Index，美国工程索引）收录论文 45 篇，获得授权发明专利 13 项，作者的相关理论和技术获得 2017 年北京市科学技术奖二等奖（技术发明类）。

感谢北京建筑大学学术著作出版基金（CB2017006）资助；感谢清华大学汽车安全与节能国家重点实验室博士生导师裴普成教授、张扬军教授，天津大学内燃机燃烧学国家重点实验室博士生导师李志军教授、尧命发教授、梁兴雨教授在本书的成稿中多次给予中肯建议；感谢北京建筑大学机电与车辆工程学院城市移动源节能减排技术研究科研创新团队的各位同事及研究生弋理、贾晓社、石焱、赵天朋和向祺等多年孜孜不倦的研究支持，正是由于他们多年的积极努力本书才得以顺利出版。

由于作者水平有限，书中难免存在不足或疏漏之处，恳请广大读者批评指正。

作　者

2018 年于北京

目　录

第1章 绪 论

1.1 研 究 意 义

内燃机自问世以来就备受关注，也在不同的领域发挥了重要作用，特别是柴油机，在一些大型工程项目中作为动力源装置，发挥了无以取代的作用。但现阶段的柴油机还存在一些问题，特别是其排放物（氮氧化物和颗粒物）浓度高的问题比较严重，尤其是在一些特殊环境，如隧道、地铁和水下等空气流通性差的封闭环境中，柴油机会不断地消耗空气，不断地与作业人员抢夺氧气，大大增加了作业人员在工作过程中出现窒息的风险。同时，如果柴油机工作时排放的废气无法全部收集或者排出到外部环境，长期积累会对作业人员的身体造成严重伤害。

随着我国经济的蓬勃发展，国家对基础设施建设的投入力度不断加大，这促使我国的城市化日程进一步加快，隧道、地铁和水下等封闭环境中的施工作业不断增多，而在这些封闭环境中的窒息事件也时有发生。2015 年 3 月 31 日，陕西省佛坪县的某一引水隧道工程在施工过程中由于严重缺氧引发了中毒窒息事故，该次事故造成 2 死 2 伤。2018 年 2 月 11 日，国家安全生产监督管理总局通报了 3 起安全事故，其中一起安全事故便是 2018 年 1 月 29 日中铁十一局集团有限公司承担施工的成都地铁 5 号线工程土建 9 标段发生的中毒窒息事故，该次事故共造成了 3 人死亡。窒息事故越来越受到党和国家领导人的关注，国家对这些作业人员的人身健康与安全日益重视。随着国家对工程项目中作业安全及工人健康等诸多方面要求的不断提高，避免这些封闭环境中窒息事件的发生已然成为各级政府和企业的迫切任务。

传统的柴油机采用空气进气，空气中含有大量的氮气（N_2）。同时柴油的着火燃烧过程发生在空间窄小且高温高压的燃烧室内，其内部环境复杂，温度分布不均匀，高温区域的最高温度可以达到 3100K 左右，燃烧的不均匀性还会导致部分区域氧气（O_2）供应不足。这样的燃烧环境会使柴油机在工作过程中产生大量的氮氧化物（NO_x）和碳烟颗粒物，另外柴油机的尾气中还包含一氧化碳（CO）、碳氢化合物（HC）和二氧化碳（CO_2）等，这些废气排放到空气中经过大量的积累后不仅会破坏环境，还会对人们的身体健康造成危害。

柴油机的主要排放物及其危害如表 1-1 所示，其中氮氧化物是柴油机尾气中的主要排放物，它主要危害人体的呼吸系统，少量吸入会刺激呼吸道引发咽喉肿痛和咳嗽等，大量吸入会引起中毒反应，而且氮氧化物可以潜伏在肺部长达 10 多个小时，潜伏期之后人体会出现呼吸困难等症状，如果吸入量过大甚至会引发肺水肿而致人死亡。传统的柴油机在工作过程中的另一个主要排放物为PM（particulate matter，微粒，碳烟），PM 按照微粒的大小（单位为 μm）主要分为 PM_1、$PM_{2.5}$ 和 PM_{10}。其中，PM_1 主要指的是直径小于或等于 $1μm$ 的微粒，PM_1 可以随呼吸进入呼吸道底部，由于 PM_1 直径非常小，所以其甚至可以直接进入肺部，从而严重危害人体健康。$PM_{2.5}$ 主要指的是直径小于或等于 $2.5μm$ 的微粒，$PM_{2.5}$ 可以长期飘浮在空气中，人体长期接触 $PM_{2.5}$ 环境会大大提高心血管疾病、呼吸道疾病和肺部癌变的发病率，并且当人体长期处于 $PM_{2.5}$ 的密度大于 $10μg/m^3$ 的环境中时，就会有死亡的危险。PM_{10} 主要指的是直径小于或等于 $10μm$ 的微粒，PM_{10} 的飘浮时间周期长，飘浮的距离远，被人体吸入后会累积在呼吸道中，诱发多种呼吸道疾病，严重危害人体的健康。传统柴油机的排放物还包括 CO、HC 和 CO_2 等。其中，CO 与人体的血红蛋白具有很强的亲和力，甚至强于 O_2，CO 进入人体后，会迫使血液中的 O_2 与血红蛋白分离，使人体出现缺氧症状，因此吸入过量的 CO 会引起CO 中毒反应；HC 具有强烈的刺激性，人体吸入后会引发呼吸道不适，最近的研究表明，在动物试验上，HC 表现出致癌的作用；CO_2 是无毒的气体，人体少量吸入可以促进呼吸，过量吸入则会影响人的呼吸，严重时还会破坏人体呼吸系统，使人窒息死亡。因此当柴油机工作在空气流通性差的封闭环境中时，柴油机排放的 CO_2 会抢夺 O_2 的空间，随着 O_2 的不断消耗，封闭环境中 CO_2 的质量分数会越来越高，从而极易引发作业人员的窒息。

表 1-1　柴油机主要排放物及其危害

名称		危　害
NO_x		损害呼吸道，引起肺部疾病
PM	PM_1	可随呼吸进入肺部，危害人体健康
	$PM_{2.5}$	致癌作用
	PM_{10}	可随呼吸进入人体呼吸道，危害人体健康
CO		与血红蛋白结合，使人缺氧，严重时会造成 CO 中毒
HC		致癌作用
CO_2		少量时对人体无危害，过量时会影响人的呼吸

　　为了在一些空气流通性差或空气不流通的环境中应用柴油机，同时降低柴油机排放物对作业人员的伤害，就需要改进柴油机的燃烧方式，从根本上解决问题。因此，研究新型柴油机的燃烧方式和气体排放控制策略就成为科研工作者不断追求的目标[1]。目前一种闭式循环柴油机[2]广泛地应用于潜艇、矿井等空气不流通的封闭环境，这种柴油机有别于传统柴油机的燃烧方式，其进排气系统均由气体处理设备进行连接，其进气成分为调配好的特殊混合气，尾气则用气体处理设备进行收集处理，因此闭式循环柴油机在工作过程中不会有废气排出。同时由于循环系统封闭，其受到外部因素的影响非常小。闭式循环柴油机可以达到在空气不流通的封闭环境中使用柴油机的要求，成为目前研究新型柴油机燃烧方式的重要发展方向。

常规闭式循环柴油机尾气中的 CO_2 需要经过分离收集，常用的方法是碱溶液吸收法。该方法虽然吸收效果好，但是需要的碱溶液量大，成本比较高；并且常规闭式循环柴油机系统复杂，在矿井和隧道等封闭环境中的应用还不是很方便，因此还需要对常规的闭式循环柴油机的工作循环、燃烧和后处理等环节进行彻底升级改造。为此，本书提出了一套液氧固碳闭式循环燃烧系统[3]，该循环系统的原理是利用液氧与柴油机尾气中的 CO_2 进行热交换，将 CO_2 固化成干冰，而未被固化的 CO_2 则和汽化后的 O_2 组成混合气进入柴油机燃烧室，使柴油在 O_2/CO_2 环境下进行燃烧。与常规的闭式循环柴油机相比，液氧固碳闭式循环系统的组成相对简单，只需要液氧固碳装置，不需要额外的进排气处理系统；并且固化所得的干冰可以进行二次利用，如制造舞台烟雾效果、灭火器和干冰清洗剂等。同时该循环系统完全封闭，不会与外界发生气体交换，不会有废气排出，避免了对在空气不流通的封闭环境中使用柴油机的作业人员的伤害。本书提出的液氧固碳闭式循环燃烧系统对于促进我国特殊用途内燃机的发展具有重要意义，但相关的基础理论研究仍有欠缺，尤其是柴油着火和燃烧方面的问题，这些问题也是研究新型柴油机燃烧方式的关键，因此，研究柴油在 O_2/CO_2 环境下的着火和燃烧问题对于液氧固碳全封闭内燃机的发展意义重大。

1.2　国内外发展状况

为了有效地控制柴油机污染气体的排放，科研工作者进行了许多有益的探索，如废气再循环（exhaust gas recirculation，EGR）技术。同时，为了使柴油机可以应用于空气流通性差的封闭环境，科研工作者又提出了特殊的柴油机循环燃烧方式，如常规闭式循环技术、兰金循环和液氧固碳闭式循环。

1. 废气再循环技术

EGR 的提出，为控制柴油机的排放提供了新的思路。EGR 技术是对柴油机尾气中的一部分高温气体进行处理，然后重新引入柴油机进气端参与进气，这样可以实现局部的闭式循环。同时经过燃烧后排出的尾气中几乎不含有 O_2，其重新参与进气会使缸内氧气的占比减小，从而降低缸内的燃烧速度，减缓最高燃烧压力出现的时间，进而降低氮氧化物的生成。贾和坤等[4]基于一台轻型柴油机建立了柴油机缸内燃烧可视化试验台架，通过试验和放热率计算来研究 EGR 对柴油机的燃烧特性和尾气排放的影响。他们的研究表明，当 EGR 率增大时，柴油的着火燃烧过程延长，但着火延迟期变短，同时缸内的平均温度会升高。Huang 等[5, 6]研究了高压共轨柴油机在不同 EGR 工况下的颗粒排放特性。他们的研究结果表明，随着 EGR 率的增加，柴油机缸内燃烧压力的峰值减小，燃烧热释放延迟，小于 25nm

的粒子排放将会增加。Kumar 等[7, 8]使用生物柴油/柴油混合燃料在一台单缸柴油机上进行试验，研究了 EGR 对生物柴油机排放特性的影响。他们的试验结果表明，增加 EGR 率可以使氮氧化物的排放量降低近 41%。Divekar 等[9]分析评估了 EGR 对氮氧化物排放量的影响。结果表明，EGR 引起的进气稀释是氮氧化物排放降低的直接原因，同时两者之间的相关性与燃油喷射策略、进气加压和发动机负荷水平等因素密切相关。Zamboni 等[10]为了提高燃烧质量，同时大幅度降低氮氧化物的排放，对涡轮增压柴油机的 EGR 系统进行了试验研究。他们的研究表明，在最佳运行模式下，氮氧化物的排放量减少了 58%~66%，比油耗下降 5%~9.5%。

2. 特殊的柴油机循环燃烧方式

（1）常规闭式循环技术

常规的闭式循环柴油机主要应用在潜艇上[11]。闭式循环柴油机的进气系统将 O_2 和稀有气体氩（Ar）按照一定比例混合组成进气送入柴油机，使柴油在 O_2/Ar 的环境下燃烧。与传统柴油机的空气进气相比，Ar 替换了 N_2，Ar 是稀有气体，不会参与燃烧反应，从而降低了 O_2 的消耗量。闭式循环柴油机在运行过程中不断消耗 O_2，因此需要不断补充 O_2，而且混合进气各组分的比例一定要分配合理，O_2 的质量分数过高可能造成燃烧粗暴，O_2 的质量分数过低则可能降低柴油机的输出功率，甚至可能导致柴油机无法启动。闭式循环柴油机具有使用寿命长的优点，但也有耗氧量大、热量损失率高和运行效率低的缺点，因此还需要对闭式循环柴油机进行改进和优化。台卫华[12]以潜艇所用的闭式循环柴油机为研究基础，在 4102BG 型柴油机的基础上搭建了闭式循环柴油机试验系统测试台，并发展了相关的系统控制策略，包括进气组分分配系统、尾气处理系统、海水处理系统和全局监控系统等，还基于 Lab-Windows/CVI 开发出了配套使用的操控软件。随后的测试试验表明，其搭建的试验平台和开发的操控软件是可行的，为研究闭式循环柴油机提供了有力的试验手段和可靠的试验平台。周洪举[13]以优化闭式循环柴油机的工作性能为研究目的，对闭式循环柴油机的尾气处理系统进行了数值模拟研究，自主开发了一套直触式冷却系统，并通过试验研究证明该冷却系统可以达到闭式循环柴油机的使用标准，丰富了闭式循环柴油机尾气处理系统的理论基础。李晓声[14]以 4102BG 型柴油机为主体来研究闭式循环柴油机，运用数值模拟和试验相结合的方法研究了不同进气成分对闭式循环柴油机工作稳定性的影响，并根据数值模拟结果设计了一套自动控制进气成分配比的策略，为闭式循环柴油机在工程机械领域中的推广指出了新的方向。Ela 等[15]研究了闭式循环柴油机在不同发动机负荷和当量比条件下，不同浓度氦气（He）置换 N_2 的效果，试验结果表明，当尾气中 CO_2 的质量分数达到 25%时，至少需要 10%的 He 作为置换气体，以达到所需的回收率。Wu 等[16]进行了闭式循环柴油机燃烧特性的数值模拟研究，其研究表明，当用 Ar 代替 N_2 时，Ar 的质量分数越高，点火延迟时间越短，缸内温度越高。Thor 等[17]基于曲轴扭矩测量的方法，对柴油机的闭环燃烧相位控制方法进行了开发和评价，提出了一种新的燃烧相位控制方法并进行了试验验证，试验结果表明该燃烧相位控制方法表现出了良好的精度。

（2）兰金循环

兰金循环也叫朗肯循环，兰金循环的提出为减少柴油机污染物的排放指明了新方向。与传统柴油机相比，兰金循环内燃机最大的特点是其进气成分只有 O_2，所以柴油将在纯氧的环境下燃烧，燃烧效率会大大提高，CH 和 CO 的生成量也会大大降低。另外由于进气中没有 N_2，因此氮氧化物的生成量几乎为零，同时用低温法对尾气中 CO_2 固化成干冰进行收集。为了降低纯氧环境下柴油燃烧的剧烈程度，采用向柴油机燃烧室喷水的策略来降低燃烧的温度和压力，同时水遇热会蒸发做功，从而提高热能利用率。吴志军等[18]通过对兰金循环内燃机进行理论分析和试验评估，发现该循环方式的燃烧热效率明显大于常规内燃机，具有很好的应用前景。其团队后续又进行了深入的研究[19-24]，他们采用数值模拟和试验相结合的方式来寻找提升兰金循环内燃机燃烧热效率的方法，他们发现在柴油机燃烧室喷水策略的基础上，再增加一次喷水，可以将燃烧热效率进一步提升。也有许多研究者在兰金循环的基础上进行改进，发展了有机兰金循环（organic Rankine cycle，ORC），即用沸点比较低的有机物作为工质取代水，进一步提升了热效率。方金莉等[25]用 R123（CF_3CHCl_2，三氟二氯乙烷）作为有机循环工质开发了一套中温有机兰金循环系统，利用数值仿真技术研究了循环压力、有机工质流量和尾气温度对系统效率的影响。他们发现，系统的效率随着循环压力的增大而增大，有机工质流量的范围会受到循环压力的影响，尾气的温度对系统效率的影响不大。柴俊霖等[26]通过系统建模的方法比较研究了双有机兰金循环（dual-loop organic Rankine cycle，DORC）和常规有机兰金循环。他们的研究成果表明，与常规的有机兰金循环相比，双有机兰金循环的系统功率、燃油消耗率和热能产出成本都得到了优化。杨富斌等[27]基于有机兰金循环系统设计了柴油机尾气检测试验，得到了柴油机尾气中能量场分布的情况，根据试验结果优化了有机兰金循环系统的工作性能，将其热效率提升到了 11.19%。

（3）液氧固碳闭式循环

近年来，一种新型的柴油机燃烧方式（液氧固碳闭式循环燃烧）引起了广泛的关注[3]。图 1-1 所示为液氧固碳闭式循环燃烧系统原理图[28-30]，该循环系统的关键在于用液氧与柴油机尾气中的 CO_2 进行热交换，将 CO_2 固化成干冰，未被固化的 CO_2 将与汽化的 O_2 组成混合气进入柴油机，使柴油在 O_2/CO_2 环境中燃烧。由于柴油机进气成分为 O_2 和 CO_2，没有 N_2，因而氮氧化物的生成量非常低。进气中 O_2 的含量很高，会促进燃烧，同时抑制颗粒物（PM）、HC 和 CO 的生成。进气中的 CO_2 可以抑制燃烧，降低最高燃烧压力、压力升高率和最高燃烧温度，减少爆燃的发生。

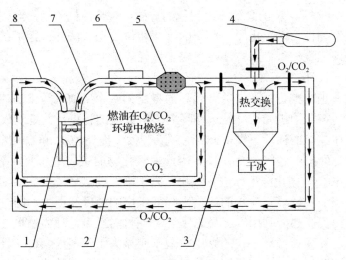

图 1-1　液氧固碳闭式循环燃烧系统原理图
1—柴油机；2—EGR 管；3—液氧固碳装置；4—液氧罐；5—干燥剂；
6—冷却器；7—排气管；8—进气管

　　关于液氧固碳闭式循环燃烧系统，主要是作者所在课题组进行了一些基础研究，但是其他的一些研究者也进行了相关研究。例如，左承基等[31-33]对柴油在 O$_2$/CO$_2$ 环境下的燃烧进行了仿真和光学发动机试验研究，分析了燃烧规律和排放特性，他们发现柴油在 O$_2$/CO$_2$ 环境下的燃烧速率较空气环境下提升了将近 37.6%。Tan 等[34]为了实现柴油无氮燃烧进行了柴油机试验，用 CO$_2$ 代替部分 N$_2$ 参与进气来优化和降低排放，分析了不同质量分数的 O$_2$、CO$_2$ 和 N$_2$ 对柴油机燃烧稳定性的影响，他们发现进气成分 O$_2$ 和 CO$_2$ 各占 50% 时柴油机能以 600r/min 的速率稳定运行，并实现无氮氧化物排放的柴油燃烧。

　　这些研究都表明液氧固碳全封闭内燃机具有很大的发展潜力。作为一种新型的柴油机燃烧方式，液氧固碳全封闭内燃机的工作过程中柴油的着火特性是研究的重点，而其着火特性和燃烧机理方面的研究尚处于起步阶段，仍需要开展大量的研究来加深对其工作过程的认识和理解，从而为丰富和完善液氧固碳全封闭内燃机理论体系提供重要的支撑。

第 2 章　柴油机 CO_2 固化

本章通过仿真与试验相结合的方法对柴油机 CO_2 固化问题进行研究。首先运用 KIVA-3V 软件对柴油机的燃烧进行数值模拟仿真,从而得到富氧燃烧的最佳工况条件。其次,模拟内燃机不同质量分数的 O_2 的燃烧情况,得到不同质量分数的 O_2 对应的压力峰值和温度峰值的变化曲线。再次,根据 CO_2 和 O_2 的物理性质及相变换热物理过程原理,对液氧和干冰在干冰收集装置内进行的相变换热物理过程进行数值理论计算。最后,对柴油机进行 CO_2 固化试验,来验证液氧固碳全封闭循环系统的实际可行性。

2.1　KIVA-3V 的仿真流程

为了在理论上验证柴油机在进排气全封闭的情况下采用 O_2/CO_2 进气的可行性,本章应用美国 Los Alamos(洛斯阿拉莫斯)国家试验室开发的 KIVA-3V 程序对柴油机在采用 O_2/CO_2 进气条件下的缸内燃烧过程进行数值仿真计算。

整个 KIVA-3V 总程序只要有一项没有调通,仿真时程序就会报错[35, 36]。由于 KIVA-3V 程序采用 FORTRAN 语言编写,并不像其他仿真软件采用界面操作形式,所以本章有必要将源代码解释清楚。KIVA-3V 程序可以分为 3 个相互关联的部分:

1)K3PREP 前处理器,用于生成计算网格。KIVA-3V 所使用的必须为结构化六面体网格,因此在划分计算网格时一般将燃烧区域的形状分成独立的块,如顶隙、燃烧室、进排气道等。每个块结构都应为六面体结构,并且需用 X、Y、Z 三个方向的单元进行细分。该结构参数都需输入 KIVA-3V 的特定格式的文件 Iprep.dat 中,关于燃烧区域形状的参数也要输入该文件中以便控制网格尺寸等。运行前处理器后会生成文件 otape11,该文件主要用于显示输入参数是否符合要求,若符合,则前处理器便会生成网格文件 otape17。

2)KIVA-3V 求解器。求解器中一般需要输入的参数有两个:参数文件和网格文件。网格文件就是 otape17,只需改为 itape17 即可。参数文件为 itape5.dat,该文件有固定的格式,主要用于定义发动机的点火提前角、喷油量、喷油时刻、涡流比、转速等参数,也可以指定仿真中输出的物理量等。求解器运行完成后,会生成 otape8、otape9、otape12 及其他参数文件,其中 otape12 和前处理器中 otape11 的用途一样,otape9 用于记录整体结果。

3)K3POST 后处理器。由于 KIVA-3V 不是界面操作软件,所以该程序的后处理一般要借助其他软件等,本章中所涉及的软件为 TECPLOT 和 Origin Pro。

KIVA-3V 总程序的流程图如图 2-1 所示。首先将内燃机的缸径、行程、压缩比、排量等参数编写到 Iprep 文件中，然后运行 K3PREP.EXE 文件生成内燃机的计算仿真网格模型，进而生成网格数据文件 otape17，并将其改名为 itape17。同时将内燃机的涡流比、点火起始时间、点火持续时间、气缸顶温度、活塞表面温度、喷油量、喷油方式等参数编写到 itape5 中，运行 KIVA-3V.EXE 文件，生成 otape9 文件并将其改名为 itape9 作为后处理的数据文件。最后运行后处理器，即 K3POST.EXE，对仿真结果进行后处理，将仿真结果转换为可视化效果的文件。本章应用的后处理软件为 TECPLOT 和 Origin Pro。

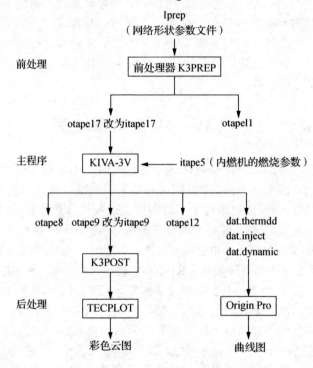

图 2-1　KIVA-3V 总程序的流程图

2.1.1　KIVA-3V 的计算模型

（1）动量守恒方程

动量守恒方程为

$$\frac{\partial(\rho\boldsymbol{u})}{\partial t} + \nabla\cdot(\rho\boldsymbol{u}\cdot\boldsymbol{u}) = -\frac{1}{a^2}\nabla p + \nabla\cdot\boldsymbol{\sigma} - A_0\nabla\left(\frac{2}{3}\rho k\right) + \boldsymbol{F}^s + \rho g \qquad (2\text{-}1)$$

式中：a —— 压力梯度尺度（pressure gradient scaling，PGS）系数，压力梯度尺度法主要用于低马赫数（Ma）流动计算，本章中 a 为 1；

　　　　$\boldsymbol{u}$ —— 流体速度（m/s）；

p —— 流体压力（Pa）；

ρ —— 总的密度（kg/m^3）；

t —— 时间（s）；

k —— 湍流脉动动能（kJ/m^3）；

g —— 比体积力，假定为常数；

A_0 —— 湍流模型开关，本章采用湍流计算，故 A_0 为 1；

$\boldsymbol{F}^s$ —— 由喷雾引起的动量源项；

$\boldsymbol{\sigma}$ —— 黏性应力张量。

组分方程与连续方程为

$$\frac{\partial \rho_m}{\partial t} + \nabla(\rho_m \boldsymbol{u}) = \nabla\left[\rho D \cdot \nabla\left(\frac{\rho_m}{\rho}\right)\right] + \tilde{\rho}_m^c + \tilde{\rho}_m^s \delta_{m1} \qquad (2\text{-}2)$$

式中：ρ_m —— 组分的密度；

$\tilde{\rho}_m^c$ —— 化学反应产生的源项；

$\tilde{\rho}_m^s$ —— 喷雾产生的源项；

D —— 组分 m 的扩散系数，$D = \boldsymbol{u}/\rho Sc$　Sc 为 Schmidt（施密特）数；

δ_{m1} —— 狄拉克 δ 函数，描述点分布密度的广义函数。

（2）能量守恒方程

偏微分方程形式为

$$\frac{\partial(\rho I)}{\partial t} + \nabla \cdot (\rho \boldsymbol{u} I) = -p\nabla \cdot \boldsymbol{u} + (1-A_0)\boldsymbol{\sigma}\,\nabla \boldsymbol{u} - \nabla \cdot \boldsymbol{J} + A_0\rho\varepsilon + Q^c + Q^s \qquad (2\text{-}3)$$

式中：I —— 流体比内能（不包括化学反应能量）（J/kg）；

$\boldsymbol{J}$ —— 热流通量矢量；

ε —— 滞流流动下的动能消耗率；

Q^s —— 喷射油粒与流体相互作用的一个源项；

Q^c —— 化学放热率（J/s），且

$$Q^c = \sum_r Q_r \bar{\omega}_r \qquad (2\text{-}4)$$

其中，$\bar{\omega}_r$ —— 可燃物的化学反应速率；

Q_r —— 绝对零度下的负值反应热（J），且

$$Q_r = \sum_m (a_{mr} - b_{mr})(\Delta h_f^0)_m \qquad (2\text{-}5)$$

其中，a_{mr}，b_{mr} —— 第 r 种反应中的化学当量系数；

$(\Delta h_f^0)_m$ —— 组分 m 在绝对零度下的焓变量。

热流通量由下式确定：

$$\boldsymbol{J} = -k\nabla T - \rho D \sum_m h_m \nabla(\rho_m / \rho) \qquad (2\text{-}6)$$

式中：k —— 热导率[W/(m·K)]；

T —— 流体热力学温度（K）；

h_m —— 第 m 种化学组分的比焓（J）。

（3）理想状态方程

假定缸内气体为理想混合气体，则状态方程为

$$p = R_0 T \sum_m (\rho_m / W_m) \tag{2-7}$$

$$I(T) = \sum_m (\rho_m / \rho) I_m(T) \tag{2-8}$$

$$c_p(T) = \sum_m (\rho_m / \rho) c_{pm}(T) \tag{2-9}$$

$$h_m(T) = I_m(T) + R_0 T / W_m \tag{2-10}$$

式中：R_0 —— 摩尔气体常数；

W_m —— 第 m 种化学组分的摩尔质量（g/mol）；

$I_m(T)$ —— 第 m 种化学组分的比内能（J）；

c_p —— 定压比热容 [J/(kg·K)]；

c_{pm} —— 第 m 种化学组分的比定压热容。

（4）化学成分守恒方程

KIVA-3V 通用的化学反应方程式可以表示为

$$\sum_m a_m \chi_m \Leftrightarrow \sum_m b_m \chi_m \tag{2-11}$$

式中：χ_m —— 1mol 量的组分 m；

a_m, b_m —— 化学反应方程系数（stoichiometric coefficient）。

（5）湍流模型

本章采用 k-ε 模型进行模拟计算，k-ε 模型的偏微分方程如下所述。

湍流动能方程为

$$\frac{\partial(\rho k)}{\partial t} + \nabla \cdot (\rho u k) + \frac{2}{3} \rho k \nabla \cdot \boldsymbol{u} = \boldsymbol{\sigma} : \nabla \boldsymbol{u} + \nabla \left(\frac{\mu_T}{\sigma_k} \nabla k \right) - \rho \varepsilon + \dot{W}_s \tag{2-12}$$

输运方程为

$$\frac{\partial(\rho \varepsilon)}{\partial t} + \nabla \cdot (\rho u k) + \left(\frac{2}{3} c_{\varepsilon_1} - c_{\varepsilon_3} \right) \rho \varepsilon \nabla \cdot \boldsymbol{u} = \nabla \cdot \left(\frac{\mu_T}{\sigma_\varepsilon} \nabla \varepsilon \right) + \frac{\varepsilon}{k} \left(c_{\varepsilon_1} \boldsymbol{\sigma} : \nabla \boldsymbol{u} \right) - c_{\varepsilon_2} \rho \frac{\varepsilon^2}{k} + c_s \frac{\varepsilon}{k} \dot{W}_s$$

$$\tag{2-13}$$

式中：ρ —— 流体质量密度（kg/m³）；

$\left(\dfrac{2}{3} c_{\varepsilon_1} - c_{\varepsilon_3} \right) \rho \varepsilon \nabla \cdot \boldsymbol{u}$ —— 流体传播时尺度变化所产生的源项；

$\boldsymbol{u}$ —— 流体速度（m/s）；

$\dot{W}_s$ —— 因喷射油料作用而产生的源项；

$\boldsymbol{\sigma}$ —— 应力张量，且

$$\boldsymbol{\sigma} = \mu_T \left[\nabla \boldsymbol{u} + \left(\nabla \boldsymbol{u} \right)^T \right] - \frac{2}{3} \mu_T \nabla \cdot \boldsymbol{u} \boldsymbol{I} \tag{2-14}$$

ε —— 湍流动能耗散率，且

$$\varepsilon = \left[\frac{c_\mu}{\sigma_\varepsilon \left(c_{\varepsilon_2} - c_{\varepsilon_1} \right)} \right]^{1/2} \frac{k^{1.5}}{L} \tag{2-15}$$

L —— 喷孔至壁面的距离；

μ_T —— 湍流黏度，且

$$\mu_T = c_\mu \rho \frac{k^2}{\varepsilon} \tag{2-16}$$

c_{ε_1}，c_{ε_2}，c_{ε_3}，c_μ，σ_k，σ_ε ——常数，其值为经验数据，常用于发动机工作过程的计算，它们的值如表 2-1 所示。

根据喷射油粒与湍流相互作用的长度尺度的假设条件，$c_s = 1.05$。

表 2-1　k-ε 湍流模型常数

参数	数值	参数	数值
c_{ε_1}	1.44	σ_k	1.0
c_{ε_2}	1.92	σ_ε	1.3
c_{ε_3}	-1.0	c_μ	0.09

（6）燃油喷雾模型

本章采用的是离散油粒模型（discrete droplet model，DDM）。油粒概率分布函数 f 被定义为

$$f(\boldsymbol{x}, \boldsymbol{v}, r, T_d, y, \dot{y}, t) \mathrm{d}\boldsymbol{v} \mathrm{d}r \mathrm{d}T_d \mathrm{d}y \mathrm{d}\dot{y} \tag{2-17}$$

式中：$\boldsymbol{x}$ —— 位置向量（3 个方向）；

$\boldsymbol{v}$ —— 速度向量（3 个方向）；

r —— 平衡状态的油粒等效半径；

T_d —— 油粒温度（假设内部温度相同）；

y —— 油粒球形变形量，$\dot{y} = \mathrm{d}y/\mathrm{d}t$ 为其变化率。

函数 f 的时间展开式可以通过求解喷雾方程得到，即

$$\frac{\partial f}{\partial t} + \nabla_x \cdot (f\boldsymbol{v}) + \nabla_v \cdot (f\boldsymbol{F}) + \frac{\partial}{\partial r}(fR) + \frac{\partial}{\partial T_d}(f\dot{T}_d) + \frac{\partial}{\partial y}(fy) + \frac{\partial}{\partial \dot{y}}(f\ddot{y}) = \dot{f}_{\text{coll}} + \dot{f}_{\text{bu}}$$

$$\tag{2-18}$$

式中：$\boldsymbol{F}$，R，T_d，$\ddot{y}$ —— 单个油粒的速度、半径、温度和振荡随时间的变化率；

$\dot{f}_{\text{coll}}$，$\dot{f}_{\text{bu}}$ —— 油粒碰撞和破裂产生的源项。

（7）燃烧排放化学反应模型

系统内的全部化学反应可以统一用一个公式表示为

$$\sum_m a_{mr} x_m \Longleftrightarrow \sum_m b_{mr} x_m \qquad (2\text{-}19)$$

式中：x_m——第 m 种化学组分的量；

　　　a_{mr}，b_{mr}——第 r 种反应中的化学当量系数，本章中假定为常数，且满足下式：

$$\sum_m (a_{mr} - b_{mr}) W_m = 0 \qquad (2\text{-}20)$$

燃烧排放化学反应可以分为动力化学反应和平衡化学反应两大类。

1）动力化学反应计算。对第 r 个动力化学反应，其反应速率 $\dot{\omega}_r$ 为

$$\dot{\omega}_r = k_{fr} \prod (\rho_m / W_m)^{a'_{mr}} - k_{br} \prod (\rho_m / W_m)^{b'_{mr}} \qquad (2\text{-}21)$$

反应系数 k_{fr}，k_{br} 按阿伦尼乌斯形式计算：

$$k_{fr} = A_{fr} T^{\xi fr} \exp\{-E_{fr}/T\} \qquad (2\text{-}22)$$

$$k_{br} = A_{br} T^{\xi br} \exp\{-E_{br}/T\} \qquad (2\text{-}23)$$

式中：E_{fr}，E_{br}——活化能。

2）平衡化学反应计算。平衡化学反应速率通过下列约束条件凭经验进行计算

$$\prod_m (\rho_m / W_m)^{b_{mr} - a_{mr}} = k_c^r(T) \qquad (2\text{-}24)$$

式中：$k_c^r(T)$——浓度平衡常数，符合下列假设条件：

$$k_c^r = \exp\{A_r \ln T_A + B_r/T_A + C_r + D_r T_A + E_r T_A^2\} \qquad (2\text{-}25)$$

其中，A_r，B_r，C_r，D_r，E_r——计算中的待定参数；

　　　$T_A = T/1000\,\mathrm{K}$。

2.1.2　KIVA-3V 的编程

1．Iprep 文件说明

name(10)为项目名称，长度不超过 80 个字符。缸径为 bore，本节为 9.3cm。活塞行程为 stroke，单位为 cm，本节为 10.2cm。本节顶隙 squish 为 0.15cm。thsect 为计算网格所占用的周向角度数，要求是 360.0 的偶数分数以满足对称条件，二维计算时取值 0.5，三维全周计算时取值 360.0，本节为 360.0。本节所设计的燃烧室网格不是周向对称的，活塞顶部的凹坑为偏心设计，所以选择 360° 网格。网格采用 3 部分黏结而成，先将底部的燃烧室和上面的圆柱体进行黏结，然后将活塞的外表黏结到这个圆柱体的外部，活塞顶部的凹坑燃烧室的网格在 XY 平面的投

影采用 39 个点的位置坐标描述，设计的网格图形如图 2-2 所示。

2．itape5 文件说明

（1）内燃机基本参数设计

内燃机的缸径和行程及顶隙要与所建立的网格相对应，即与 Iprep 中的输入数值一致，在上面已经叙述过。若设置 ncaspec > 0，则采用下一行程序中所列的曲轴转角进行模拟，在这些转角上进行图形输出，当仅需在一些指定的曲轴转角上输出时该选项有用；若设置 ncaspec = 0，则关闭该项。ncaspec 必须小于或等于 100，本节采用 ncaspec = 27，根据 itape5 文件的要求，运行一次可以获得 27 个三维喷射油滴模拟图。

图 2-2　网格图

revrep = 1.0 为二冲程内燃机，revrep = 2.0 为四冲程内燃机，更大的值代表跳过燃烧过程即跳火内燃机，本节内燃机为四冲程内燃机，所以此值为 2.0。

（2）内燃机喷油设计

dznoz 为喷油器 z 坐标，单位为 cm。若 dznoz < 0.0，则该值为距气缸顶的距离（用于内燃机上）；dznoz > 0.0 则用于连续喷射燃烧器。本节使用的喷射器高度为 16.33cm，所以 dznoz = 16.33。

t1inj 为喷油开始的时间，不采用本单位时取负值，本节为 − 1.0，代表本节选自曲轴转角作为计算单位。Calinj 为喷油始点曲轴转角，单位为 °CA，本节为 − 27.0°CA。Cadinj 为喷油持续期，本节为 3.3°CA。Cafin 为计算终止的曲轴转角，本节为 126.0°CA。本节对内燃机燃烧进行模拟的曲轴转角范围为 − 125°～126°CA。

tspmas 为总的喷雾质量，本节为 0.005kg。pulse = 2.0 为方波脉冲喷射。当 pulse = 0.0 时，喷射的总粒子数为单位时间内喷射的粒子数。tnparc 若为脉冲喷射，如 pulse = 1.0，则喷射的总粒子数为总的喷射粒子数，三维时一般为 2000～5000，二维时一般为 500～1000，本节为 2000，代表三维。tpi 为初始燃油温度，单位为 K，本节为 303.0K。

（3）气缸内气体混合物成分设计

presi 为区域 n 的初始网格压力，单位为 dynes/sq. cm，即 10^{-1}Pa。tempi 为区域 n 的初始网格温度，单位为 K。

mfrac 为各化学组分在区域 n 的质量分数，如 mfracCO_2 代表 CO_2 在计算区域中的分数。当气缸中充满空气时，成分数据如表 2-2 所示。本节计算时使用了氧气的质量分数从 22% 到 42% 的数据进行模拟计算，因此在计算时需将 mfracn2 的值设为 0，分别调整 mfraCO2 与 mfracCO2 的参数。由于空气中的 O_2 的质量分数为 22%，所以富氧加浓计算从 22% 开始增加，但是当 O_2 的质量分数过高时，会增加燃烧噪声甚至出现气缸内压力和温度升高过快直至损害气缸内壁的后果，因此，实际使用富

氧燃烧时 O_2 的质量分数最大不可以超过 40%，本节选择 42%作为模拟计算的最大值。计算机模拟时，通过更改 itape5 中的 mfraco2 数据，一次取值 $0.22, 0.23, 0.24, \cdots,$ 0.42，就可以对内燃机富氧燃烧的不同质量分数的 O_2 进行数值模拟。

表 2-2　气缸内空气的组分

气体成分名称	质量分数
mfracfu	0.0000
mfraco2	0.22
mfracn2	0.7650
mfracco2	0.0101
mfrach2o	0.0049
mfrach	0.0000
mfrach2	0.0000
mfraco	0.0000
mfracn	0.0000
mfracoh	0.0000
mfracco	0.0000
mfracno	0.0000

2.1.3　KIVA-3V 数值模拟的计算结果

1. 模拟优化

内燃机燃烧性能的主要指标是气缸内的压力，主要参数是初始温度、初始压力和喷油持续期。通过修改这 3 个参数，可得到不同的缸内燃烧压力峰值和温度峰值，最后分析得到最适宜内燃机燃烧的初始温度、初始压力和喷油持续期。在 itape5 中，代表初始温度的是 tempi，初始压力是 presi，喷油持续期是 Cadinj。

（1）最优的喷油持续期

要寻找最优的喷油持续期，需要固定其他两个参数，将燃烧的初始温度设为 470K，初始压力设为 $1.8 \times 10^5 \text{Pa}$，选择不同的喷油持续期数值，进行内燃机富氧燃烧数值模拟，得到的仿真结果列表保存在 otape28 数据文件中。对应不同的喷油持续期，计算得到的压力峰值如表 2-3 所示。根据表中数据绘制不同喷油持续期对应的缸内燃烧压力峰值的变化曲线，如图 2-3 所示。对曲线进行分析可知，采用喷油持续期数值为 $3.3°\text{CA}$ 时，缸内的燃烧压力峰值最大，此时内燃机做功效率最高。接下来固定喷油持续期为 $3.3°\text{CA}$，寻找其他两个参数的最佳值。

表 2-3　不同喷油持续期对应的压力峰值

喷油持续期/（°CA）	压力峰值/MPa
2	溢出
2.5	溢出

续表

喷油持续期/（°CA）	压力峰值/MPa
2.9	6.25
3	6.28
3.2	6.26
3.3	6.29
3.4	6.27
3.5	6.26
4	6.25
4.5	6.24
5	6.2
10	6.1
15	6.16
20	6.05

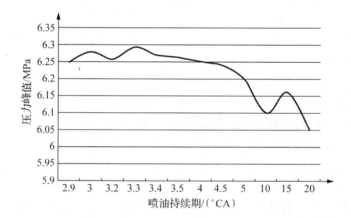

图 2-3　不同喷油持续期对应的压力峰值的变化曲线

（2）最优的初始温度

由于环境温度大约为 290K，所以选择初始温度值时合理的波动范围为 300～500K。先将喷油持续期固定为 3.3°CA，将初始压力设定为固定值 1.8×10^5Pa，将初温值设为在 300～500K 范围内波动，间隔为 50K，然后进行缸内燃烧数值模拟。对应不同的初始温度，模拟得到缸内燃烧的压力峰值结果如表 2-4 所示。根据表中数据绘制不同初始温度对应的压力峰值的变化曲线，如图 2-4 所示。对曲线进行分析得到，采用初始温度为 470K 时，数值模拟得到的缸内燃烧压力的峰值最高。

表 2-4　不同初始温度对应的压力峰值

初始温度/K	300	350	400	450	460	470	480	500
压力峰值/MPa	5.3615	5.0695	4.973	6.1224	6.2371	6.2937	6.2667	6.1814

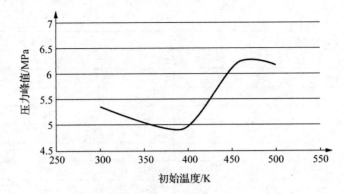

图 2-4　不同初始温度对应的压力峰值变化图

（3）最优的初始压力

由内燃机燃烧理论可以得到，内燃机缸内气体压力升高，可以增加缸内气体的进气量，使燃料燃烧更加充分，燃烧的压力峰值升高，从而提高内燃机的做功效率，所以内燃机的初始压力值越高越好。但是，大气压力为 1×10^5Pa，内燃机自然吸气式进气的进气压力低于大气压，当内燃机进气系统安装涡轮增压装置时，初始压力值可以提高到的最大值为 1.8×10^5Pa，所以，选择初始压力为 1.8×10^5Pa 时，内燃机做功的效率最高。

综上所述，通过 KIVA-3V 程序对内燃机采用不同初始温度、不同初始压力及不同喷油持续期的富氧燃烧进行模拟，得到当喷油持续期为 3.3°CA、初始温度为 470K、初始压力为 1.8×10^5Pa 时，内燃机燃烧的压力峰值最大，做功效率最高。

2. 燃烧阶段分析

在实际情况中，压力和温度图出现双尖峰分布，第一个峰值出现在内燃机喷油起始时刻，本节为 $t = -27$°CA 时，第二个压力峰值出现于上止点附近。通过分析可以知道，本节计算模拟的结果，即压力分布图（图 2-5）和温度分布图（图 2-6）符合实际的缸内燃烧情况。

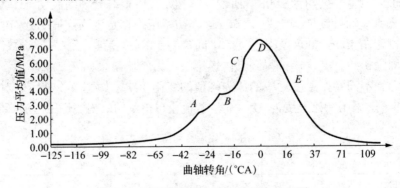

图 2-5　不同曲轴转角对应的压力分布图

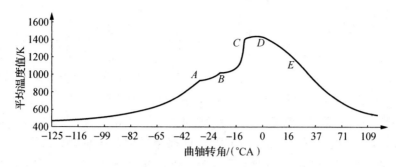

图 2-6　不同曲轴转角对应的温度分布图

下面进行燃烧过程分析：

第 1 阶段，滞燃期，为图中 *AB* 段，在压缩过程末期，在上止点前 *A* 点，即 $t = -27°CA$ 时，为喷油器针阀开启时刻。此时气缸内的温度高达 973.15K，燃料的自燃温度远低于这个值，但是缸内没有出现明显着火现象，根据图 2-5 和图 2-6，压力变化曲线还没有完全与纯压缩变化曲线相分离，此时燃料与空气还没有充分混合。

第 2 阶段，急燃期，为图中 *BC* 段，*B* 点对应的曲轴转角为 $-21°CA$，*C* 点对应曲轴转角为 $-10.0°CA$，根据图 2-5 和图 2-6，此时的压力、温度上升速率最大，此阶段曲线与纯压缩变化曲线变化率区别最大。由于此阶段燃料燃烧迅速，但是活塞的行程不大，所以气缸的体积变化不大。

第 3 阶段，缓燃期，为图中 *CD* 段，*D* 点的曲轴转角为 $0.0°CA$，根据图 2-5 和图 2-6，此阶段的压力和温度变化率相比急燃阶段有所下降。

第 4 阶段，后燃期，为图中 *DE* 段，*E* 点的曲轴转角为 $23.0°CA$，这个阶段活塞已经开始下行，但是燃烧还没有完全结束。

3．选取特征曲轴转角

本节将产生 ncaspec = 27 个立体模拟图，这些图可以充分描述某些特定的曲轴转角。通过图 2-5 和图 2-6 分析，在滞燃期、急燃期及缓燃期，燃烧剧烈程度有较大变化，在特征曲轴转角较密集处取点，在喷油时刻即 $-27°CA$ 之前和后燃期之后，气缸内部压力和温度变化不明显，此阶段取点较稀疏。通过分析，选择得到的 27 个曲轴转角（单位：°CA）位置如下：

-120.0，-27.0，-25.0，-23.0，-21.0，-18.0，-15.0，-12.0，-11.0，
-10.0，-8.0，-7.0，-5.0，-4.0，-3.0，0.0，1.0，2.0，
4.0，6.0，10.0，14，20，30，50，80，100

选择 $-120.0°CA$，此时刻为纯压缩阶段的开始，选择 $-27.0°CA$，即图 2-5 和图 2-6 中 *A* 点，此时刻为喷油初始时刻，$-21.0°CA$ 为喷油接近结束时刻。$-27.0 \sim -21.0°CA$ 即图 2-5 和图 2-6 中的 *AB* 段，为滞燃期，通过压力图选择了 4

个有代表性的特征点,即 $-27°CA$、$-25.0°CA$、$-23.0°CA$、$-21.0°CA$。$-21.0\sim$ $-10.0°CA$ 即图 2-5 和图 2-6 中的 BC 段,为急燃期,选择了 $-18.0°CA$、$-15.0°CA$、 $-12.0°CA$、$-11.0°CA$、$-10.0°CA$ 这 5 个特征点进行描述。$-10.0\sim0.0°CA$ 即图 2-5 和图 2-6 中的 CD 段,为缓燃期,选择了 $-8.0°CA$、$-7.0°CA$、$-5.0°CA$、$-4.0°CA$、 $-3.0°CA$、$0.0°CA$ 这 6 个点进行描述。$0.0\sim23.0°CA$ 即图 2-5 和图 2-6 中的 DE 段,为后燃期,选择了 $1.0°CA$、$2.0°CA$、$4.0°CA$、$6.0°CA$、$10.0°CA$、$14°CA$、 $20°CA$ 这 7 个点进行描述。之后的阶段直到计算终止时刻即 $126°CA$,选择了 $30°CA$、$50°CA$、$80°CA$、$100°CA$ 这 4 个点进行描述。

4. 缸内燃烧模拟

选取内燃机的喷油针阀所在的燃烧室纵截面绘制数值模拟的压力云图和

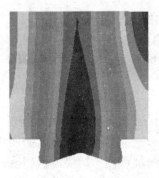

温度云图,燃烧室纵截面在缸内的位置如图 2-7 所示。

初始时刻,纵截面的压力云图和温度云图分别如图 2-8 和图 2-9 所示。气缸内的压力、温度基本为均匀状态,压力均值为 1.885×10^6Pa,温度均值为 476K。这与 itape5 中设置的数值是一致的。

图 2-7 模拟云图纵截面位置图

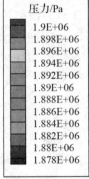

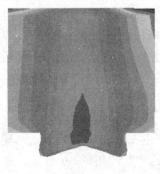

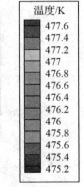

图 2-8 初始时刻的纵截面压力云图　　　　　图 2-9 初始时刻的纵截面温度云图

当 $t=-27°CA$ 时,内燃机喷油的油滴分布如图 2-10 所示,此时的纵截面压力云图如图 2-11 所示,温度云图如图 2-12 所示,此时刻为喷油针阀开启时刻,由此时刻至 $-16°CA$ 为滞燃期,此时刻由于燃料开始喷射,压力与温度也基本均匀分布,压力和温度的较低值区域缩小了。此时压力均值为 2.37×10^7Pa,温度均值达到 880K。

初始时刻的纵截面压力云图(彩图)

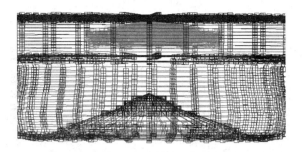

图 2-10　内燃机喷油的油滴分布示意图

初始时刻的纵截面温度
云图（彩图）

图 2-11　$t=-27°CA$ 时的纵截面压力云图

$t=-27°CA$ 时的纵截面
压力云图（彩图）

图 2-12　$t=-27°CA$ 时的纵截面温度云图

$t=-27°CA$ 时的纵截面
温度云图（彩图）

当 $t=-18°CA$ 时，纵截面压力云图和温度云图分别如图 2-13 和图 2-14 所示，压力和温度均出现了上升，说明燃料开始部分燃烧。通过分析压力云图和温度云图，在喷油器周围区域的压力和温度还没有上升，说明燃烧范围只在喷油嘴附近，范围还没有扩大。此时的压力均值为 $3.85×10^7Pa$，温度均值为 1050K。

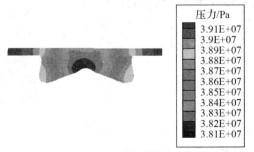

图 2-13　$t=-18°CA$ 时的纵截面压力云图

$t=-18°CA$ 时的纵截面
压力云图（彩图）

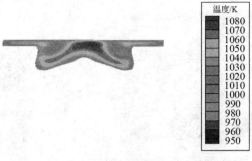

$t = -18°CA$ 时的纵截面
温度云图（彩图）

图 2-14　$t = -18°CA$ 时的纵截面温度云图

当 $t = -12°CA$ 时，纵截面压力云图和温度云图分别如图 2-15 和图 2-16 所示，压力和温度在喷油嘴附近上升明显加快，说明燃烧进入急燃期，燃烧区域扩大速度加快，压力和温度的上升区域从喷油嘴附近位置向外围更大的范围扩大，说明燃烧范围还在进一步扩大，压力和温度上升的速度基本达到最大值。此时压力均值为 6.15×10^7Pa，温度均值为 1550K。

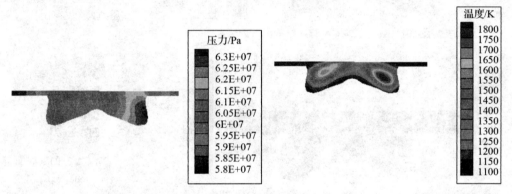

图 2-15　$t = -12°CA$ 时的纵截面压力云图　　图 2-16　$t = -12°CA$ 时的纵截面温度云图

当 $t = -3°CA$ 时，纵截面压力云图和温度云图如图 2-17 和图 2-18 所示，气缸内的压力和温度的不均匀性开始降低，燃烧进入缓燃期，压力温度还在上升，但是上升速度开始下降。从图 2-17 和图 2-18 中看到，燃料燃烧更加充分，只有气缸的边缘出现不均匀。此阶段燃烧继续缓慢进行，压力云图和温度云图的不均匀区域较之前更加缩小了，压力缓慢升高，温度较之前变化得更加缓慢，温度已经上升到最大值点，压力也已经基本到达峰值。此时压力均值为 7.55×10^7Pa，温度均值为 1538K。

当 $t = 14°CA$ 时，纵截面压力云图和温度云图如图 2-19 和图 2-20 所示，活塞达到上止点后，燃烧进入后燃

$t = -12°CA$ 时的纵截面
压力云图（彩图）

$t = -12°CA$ 时的纵截面
温度云图（彩图）

期，压力云图和温度云图基本不出现不均匀区域，燃烧室继续稳定增大，燃烧继续缓慢进行。压力云图和温度云图与上止点没有明显变化，由于燃烧进入后燃期，燃烧进行缓慢，相比活塞下行使气缸空间增大速度更慢，同时活塞开始对外界做功，所以温度和压力稳定下降。同时温度云图中的不均匀部分开始明显缩小，说明燃烧更加缓慢。随着活塞移动距离加大，燃烧更加缓慢，最终云图显示燃烧基本结束。此时压力均值是 $3.88 \times 10^7 Pa$，温度均值为 1284K。

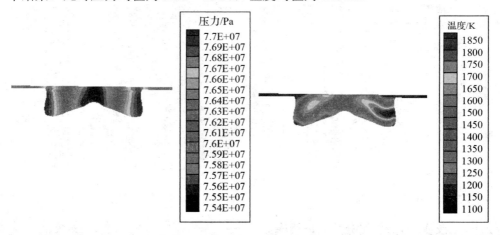

图 2-17　$t = -3°CA$ 时的纵截面压力云图　　图 2-18　$t = -3°CA$ 时的纵截面温度云图

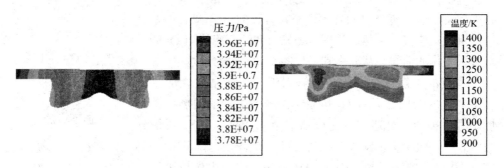

图 2-19　$t = 14°CA$ 时的纵截面压力云图　　图 2-20　$t = 14°CA$ 时的纵截面温度云图

$t = -3°CA$ 时的纵截　　　$t = -3°CA$ 时的纵截　　　$t = 14°CA$ 时的纵截　　　$t = 14°CA$ 时的纵截
面压力云图（彩图）　　　面温度云图（彩图）　　　面压力云图（彩图）　　　面温度云图（彩图）

当 $t = 80°CA$ 时，纵截面压力云图和温度云图如图 2-21 和图 2-22 所示，燃料燃烧完全，气缸内的压力和温度仍较高，活塞继续下行并对外界做功，气缸内的压力和温度进一步接近初始阶段。压力云图和温度云图更加均匀，与初始进气阶段非常相似，活塞将要到达下止点，做功阶段将要完成，气缸内将要恢复初始状态，燃烧循环将要结束。此时压力均值为 2.81×10^6Pa，温度均值为 642K。

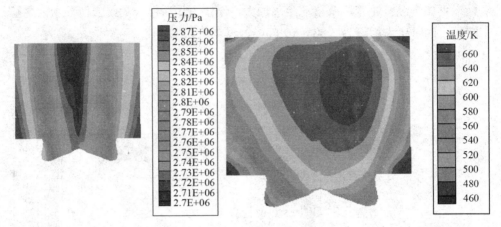

图 2-21 $t = 80°$CA 时的纵截面压力云图   图 2-22 $t = 80°$CA 时的纵截面温度云图

2.1.4 改变 O$_2$ 的质量分数的燃烧模拟

为了得到内燃机富氧燃烧的 O$_2$ 的质量分数的最佳值，需要采用 KIVA-3V 对柴油机在不同质量分数的 O$_2$ 下进行的富氧燃烧进行数值模拟，然后分析压力峰值和温度峰值随 O$_2$ 的质量分数变化的曲线，从而得到最佳的 O$_2$ 的质量分数。

$t = 80°$CA 时的纵截面
压力云图（彩图）

本节的内燃机采用的是液氧固碳并无氮富氧燃烧，所以富氧进气的成分只有 O$_2$ 和 CO$_2$。本节进行的内燃机富氧燃烧数值模拟，是通过改变 O$_2$ 在 O$_2$/CO$_2$ 混合气中的质量分数，使 O$_2$ 的质量分数从 21% 增加到 40%，选择间隔为 1% 的这 20 组数据进行的。KIVA-3V 程序中修改内燃机进气成分的方法如 2.1.2 节所述。对应不同质量分数的 O$_2$，内燃机燃烧的压力峰值和温度峰值的模拟结果如表 2-5 所示。

$t = 80°$CA 时的纵截面
温度云图（彩图）

表 2-5   不同质量分数的 O$_2$ 下的燃烧压力峰值和温度峰值

O$_2$ 的质量分数/%	压力峰值/MPa	温度峰值/K
21	12	2400
22	13.6	2580
23	13.5	2560
24	13.5	2560

续表

O$_2$ 的质量分数/%	压力峰值/MPa	温度峰值/K
25	14.3	2620
26	14.4	2630
27	14.6	2640
28	14.8	2700
29	14.9	2710
30	14.9	2720
31	14.9	2720
32	14.9	2730
33	14.9	2750
34	14.8	2750
35	14.8	2750
36	14.8	2770
37	14.7	2770
38	14.6	2760
39	14.6	2770
40	14.6	2780

将表 2-5 中的温度峰值和压力峰值绘制成随内燃机中 O$_2$ 的质量分数变化的曲线，分别如图 2-23 和图 2-24 所示。下面分别对温度峰值曲线和压力峰值曲线的变化进行分析。

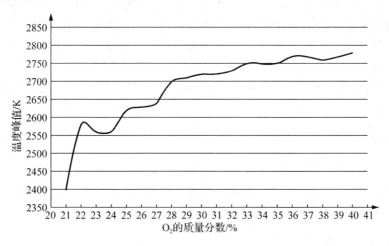

图 2-23 温度峰值变化曲线

由图 2-23 可知，燃烧温度峰值在 O$_2$ 的质量分数为 23.5%时达到最低值，约为 2550K；然后持续呈现上升趋势，当 O$_2$ 的质量分数达到 40%时，温度达到最高值，为 2775K。随着 O_2 的质量分数的增加，内燃机的燃烧温度呈阶梯式上升，由于 O_2 能促进燃料燃烧的化学平衡，促使燃料燃烧得更加充分，所以燃料在 O_2 的质量分数为 23%时，因燃烧不充分而使温度峰值达到最低值。

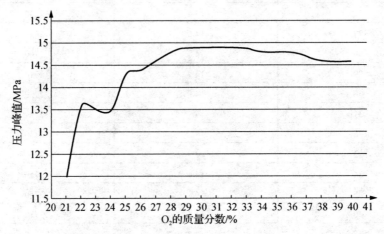

图 2-24　压力峰值变化曲线

　　观察图 2-24，与温度对应，在 O_2 的质量分数为 23.5%时压力达到最低值，为 13.4MPa，然后呈迅速上升趋势；当 O_2 的质量分数达到 30%时，压力峰值达到最大值，为 14.9MPa；然后压力不再随 O_2 质量分数的增加而上升，直到 O_2 的质量分数达到 33%时，压力呈现阶梯下降趋势；在 O_2 的质量分数达到 40%时，压力下降到最低点，为 14.3MPa。与温度相似，由于 O_2 的质量分数为 23.5%时，燃料燃烧不充分，导致压力出现最低值；当 O_2 的质量分数达到 30%时，燃料燃烧充分，压力获得最高值。但是再增加 O_2 的质量分数，压力不会再增加，并且压力峰值还会呈现下降趋势。这是因为 O_2 的质量分数过高，导致燃烧速度过快，燃烧放热增加，压力峰值出现的曲轴转角虽然提前，但压力峰值不会增加。

　　综上所述，采用 O_2 的质量分数为 24%的气体助燃的富氧燃烧可以获得良好的内燃机性能。

2.1.5　液氧、干冰相变换热理论计算

　　根据 CO_2 和 O_2 的物理性质及相变换热物理过程原理，对液氧和干冰在干冰收集装置内进行的相变换热物理过程进行数值理论计算，旨在证明当液氧汽化成 O_2 时吸收的热量可以将尾气中的 CO_2 冷凝成为干冰，为试验做理论计算前期基础工作。

　　1. CO_2 的放热过程

　　内燃机的尾气通过冷凝管后的 CO_2 温度为 $T_{初始} = 288.15K$，由于 CO_2 凝华成干冰的温度是 194.65K，故选 $T_{最终} = 193.65K$，$\Delta T = 94.5K$。但是 CO_2 凝华过程中

还存在潜热，且满足

$$Q_{CO_2总} = Q_{CO_2} + Q_{潜热} \qquad (2\text{-}26)$$

$$Q_{CO_2} = C_{p(CO_2)} \cdot \Delta T \qquad (2\text{-}27)$$

式中：$Q_{CO_2总}$ —— CO_2 凝华放热的总和（kJ/kg）；

　　　Q_{CO_2} —— CO_2 温度变化放出的热量，不包括相变部分的潜热（kJ/kg）；

　　　$Q_{CO_2潜热}$ —— CO_2 的潜热放热（常压）（kJ/kg）；

　　　$C_{p(CO_2)}$ —— CO_2 定压比热容[kJ/(kg·K)]；

　　　ΔT —— CO_2 的温度变化值（K）。

经查附表 1 和附表 2，得 CO_2 的潜热放热 $Q_{CO_2潜热} = 574 kJ/kg$，CO_2 的定压比热容为 $C_{p(CO_2)} = 0.845\,kJ/(kg·K)$。将数据代入，得

$$Q_{CO_2总} = Q_{CO_2} + Q_{潜热} = C_{p(CO_2)} \cdot \Delta T + Q_{潜热}$$

$$= 0.845 \times 94.5 + 574$$

$$\approx 653.85\,(kJ/kg)$$

2．O_2 的计算过程

假设液态 O_2 的初始温度为 $T_{初始} = 89.65K$，$T_{最终} = 283.15K$，$\Delta T = 193.5$（K），查附表 1 和附表 2，得 O_2 的比热容 $C_{p(O_2)} = 0.917\,kJ/(kg·K)$，液态 O_2 的汽化潜热是 $Q_{O_2潜热} = 213 kJ/kg$。

由式（2-26）和式（2-27），代入数值，得

$$Q_{O_2总} = Q_{O_2} + Q_{O_2潜热} = C_{p(O_2)} \cdot \Delta T + Q_{潜热}$$

$$= 0.917 \times 193.5 + 213$$

$$\approx 390.44\,(kJ/kg)$$

3．总质量的计算

当有 1kg CO_2 气体被凝华为干冰时，需要液氧的质量可以通过以下公式进行计算：

$$m_{CO_2} \times Q_{CO_2总} = m_{O_2} \times Q_{O_2总} \qquad (2\text{-}28)$$

式中：m_{CO_2} —— 尾气中 CO_2 的质量（kg）；

　　　m_{O_2} —— 液氧质量（kg）。

所以

$$m_{O_2} = \frac{m_{CO_2} \times Q_{CO_2总}}{Q_{O_2总}} \qquad (2\text{-}29)$$

代入数据，得

$$m_{O_2} = \frac{1 \times 653.85}{390.44} \approx 1.67 \quad (\text{kg})$$

即 1kg CO_2 气体凝华成干冰对应 1.67kg 液氧汽化成 O_2。

又由公式

$$n = \frac{m}{M} \quad\quad (2\text{-}30)$$

式中：n —— 气体摩尔数（mol）；

m —— 气体质量（kg）；

M —— 气体摩尔质量（kg/kmol），其中，O_2 的摩尔质量 $M_{O_2} = 32\text{kg/kmol}$，

CO_2 的摩尔质量 $M_{CO_2} \approx 44\text{kg/kmol}$。

将式（2-30）代入式（2-28）中得到

$$n_{CO_2} \cdot M_{CO_2} \cdot Q_{CO_2} = n_{O_2} \cdot M_{O_2} \cdot Q_{O_2} \quad\quad (2\text{-}31)$$

代入数据，得

$$1 \times 44 \times 653.85 = n_{O_2} \times 32 \times 390.44$$

所以

$$n_{O_2} \approx 2.30 \quad (\text{mol})$$

即要将 1mol CO_2 气体凝华成干冰，需要 2.30mol 的液氧汽化成 O_2。

通过理论计算，得到 1kg CO_2 气体凝华成干冰对应 1.67kg 液氧汽化成 O_2。

2.2　柴油机 CO_2 固化试验

2.2.1　试验设计

1. 试验总体方案

内燃机液氧固碳并无氮富氧燃烧的总体方案如图 2-25 所示。内燃机 6 的进气管通入的是尾气收集装置 1 汽化的 O_2 和 EGR 管 11 通入的部分尾气，同时保证进气中 O_2 的质量分数满足设计的富氧燃烧进气的质量分数要求，使内燃机可以无氮富氧燃烧。燃烧的尾气通过内燃机排气管 7 排出，经过排气管冷凝水套 8 的作用，尾气温度达到 40℃。然后尾气进入尾气收集装置 1，在这个装置内尾气中的 CO_2 气体将与从液氧罐 4 的液氧输入管 3 通入的液氧进行相变换热，液氧汽化成 O_2，并从尾气收集装置的内燃机进气管 5 的接口端排出，进入内燃机燃烧。尾气中的 CO_2 气体将凝华成为干冰，到达尾气收集装置 1 底部安装的干冰分离器 10，在这

里干冰可以被分离出尾气收集装置，最后到达具有绝热效果的干冰储存罐 9。本方案的内燃机可以实现无氮富氧燃烧，并且实现进排气的全封闭，同时尾气中的 CO_2 还可以收集并回收利用，用于生产干冰清洗剂或用作化工原料。

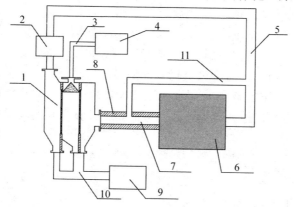

图 2-25　液氧固碳内燃机燃烧的总体方案

1—尾气收集装置；2—涡轮增压装置；3—液氧输入管；4—液氧罐；5—内燃机进气管；
6—内燃机；7—内燃机排气管；8—冷凝水套；9—干冰储存罐；10—干冰分离管；11—EGR 管

本节进行的是内燃机液氧固碳的基础研究，是前期可行性试验的验证，不进行内燃机闭式循环试验，仅设计生产尾气收集装置，并试验尾气中的 CO_2 能否被液氧凝华成干冰，进而验证液氧与尾气 CO_2 相变换热计算的配比值的准确性。因此本节试验进行的方案如图 2-26 所示。

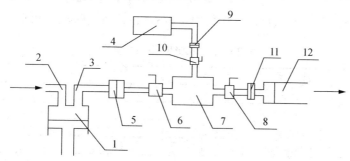

图 2-26　试验方案

1—单缸内燃机；2—内燃机进气管；3—内燃机排气管；4—液氧罐；5—尾气进管法兰；
6—尾气进管球形阀门；7—尾气收集装置；8—尾气排气管球形阀门；9—液氧进管法兰；
10—液氧进管球形阀门；11—尾气排气管法兰；12—尾气排气管

试验分 3 个主要步骤：

1）内燃机预热阶段。因为内燃机冷启动，此时的尾气非常浑浊，会影响试验效果，所以需要等待内燃机的润滑油温度达到 80℃时，才可以收集尾气。将尾气进管球形阀门 6 和尾气排气管球形阀门 8 打开，液氧进管球形阀门 10 关闭。空气通过内燃机进气管 2 进入内燃机燃烧，燃烧产生的尾气通过内燃机排气管 3 进入尾气收集装置 7，然后通过尾气排气管 12 排放到外界空气中。

2）尾气收集阶段。先使内燃机燃烧规定的时间，将尾气通入轻质的布袋中收集，并用天平称重。然后将尾气排气管球形阀门 8 和液氧进管球形阀门 10 关闭，打开尾气进管球形阀门 6，启动内燃机按照相同的工况再运行相同的时间，此时通过内燃机排气管 3 排出的尾气通过尾气进气管进入尾气收集装置 7。

3）液氧输入阶段。将尾气排气管球形阀门 8 和尾气进管球形阀门 6 关闭，打开液氧进管球形阀门 10。打开液氧罐 4 的液氧出口阀门，液氧会通过液氧进管进入尾气收集装置 7。通过液氧与尾气在尾气收集装置 7 的混合并进行相变换热，可以观察尾气是否可以被冷凝为干冰，进而验证计算得到的液氧和尾气相变换热的配比值是否正确。

2. 试验目的和仪器

（1）试验目的

本试验的目的是观察尾气收集装置内通入理论计算的配比质量的液氧后，能否出现干冰，并观察干冰形成的过程和状态，从而验证是否可以实现将内燃机尾气 CO_2 冷凝为干冰同时将液氧汽化为 O_2，进而验证液氧固碳内燃机原理是否正确。

（2）试验仪器

1）试验所用的液氧罐采用天海公司生产的 CT180HP 型立式高压焊接绝热气瓶，钢瓶采用奥氏体不锈钢材料（06Cr19Ni10），表面处理为抛光，绝热形式为高真空多层绝热，公称尺寸为（外径×高度）$\phi 508mm \times 1614mm$，公称工作压力为 1.38MPa，设计温度为 -196℃。该气瓶的各参数如表 2-6 所示，液氧罐外形如图 2-27 所示。

表 2-6　CT180HP 型气瓶参数

参数名称	参数
外径/mm	508
高度/mm	1614
空重/kg	148
工作压力/ MPa	1.38
正常使用压力/MPa	0.27~1.10
出厂设定的使用压力/MPa	0.86~0.96
公称容积/L	195
有效容积/L	185
最大充液量/kg	182
气体容量/（Nm³）	127
气流量/（Nm³/h）	9.2
蒸发率/（%/d）	≤2.0

注：Nm³ 是指 0℃且 1 个标准大气压下的气体体积，其中，N 代表标准状况（normal condition），即空气的状况为 1 个标准大气压，温度为 0℃，相对湿度为 0%。Nm³/h 是指气体在标准状态下的流量，立方米每小时。

图 2-27　液氧罐外形

2）试验内燃机为嘉陵公司生产的 1P52FMI 内燃机，其主要参数如表 2-7 所示，单缸内燃机外形如图 2-28 所示。

表 2-7　嘉陵公司 1P52FMI 内燃机参数

参数名称	参数
名义排量 /mL	125
缸径 /mm	52.4
行程 /mm	57.9
压缩比	9.3
最大功率 / kW 及转速 /（r/min）	6.3 / 7500
最大扭矩 /（N·m）及转速 /（r/min）	9.2 / 4500
最低比油耗	＜ 367
初级传动比	3.35
1 挡	2.5
2 挡	1.55
3 挡	1.15
4 挡	0.923
气门间隙 /mm	0.06
机油中线［L（low）线］/L	1

图 2-28　单缸内燃机外形

3）试验测功机采用宝林测功器有限公司的电涡流测功机，测功机的主要技术参数指标如表 2-8 所示。

表 2-8　测功机的主要技术参数指标

参数名称	参数
测功机型号	DW20 型
最大吸收功率 / kW	20
最高允许转速 / （r/min）	8000
转速测量精度 / （%F.S）	±0.01
最大扭矩 / （N·m）	78
扭矩测量精度	±0.2%F.S + 1dB

3. 尾气收集装置的设计与选择

（1）尾气收集装置绝热设计

试验使用的尾气收集装置需要达到绝热要求，使通入装置内部的液氧汽化并使凝华产生的干冰保存下来，不会重新升华为 CO_2 气体。其内部温度为液氧的液态温度，装置基本绝热，液氧不会与外界传热，这样液氧可以吸收尾气中的热量，汽化成 O_2，同时尾气中的 CO_2 放热，凝华为干冰，在干冰收集装置的底部被收集储存，并回收再利用。尾气收集装置的外层保温结构设计如图 2-29 所示。设计外围的绝热结构为 3 层，最外层为保温材料 4，主要选择绝热棉材料，保温材料内部是 3mm 厚度的双层钢板 1 和 3，双层钢板的中间设计了空气保温层 2，所以空气保温层厚度设计的计算方法如下所述。

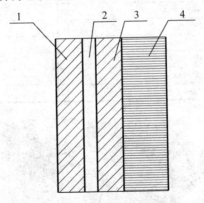

图 2-29　尾气收集装置的外层保温结构示意图

1—内层钢板；2—中间空气保温层；3—外层钢板；4—外层保温材料

内侧温度 $t_1 = -183℃$，$t_2 = 20℃$。内层钢板 1 和外层钢板 3 的厚度相同，均为 $\delta_1 = 3×10^{-3}$ m，外层保温材料 4 的厚度 $\delta_3 = 1.3467×10^{-2}$ m，中间空气保温层 2 厚度 δ_2

待求。钢板的导热系数 $\lambda_1 = 45\,W/(m·K)$，石棉板的导热系数 $\lambda_3 = 0.1\,W/(m·K)$，空气的导热系数 $\lambda_2 = 263\,W/(m·K)$。设外层保湿结构的热流密度 q 不超过 $1500\,W/m^2$，而

$$q = \frac{t_2 - t_1}{\dfrac{2\delta_1}{\lambda_1} + \dfrac{\delta_2}{\lambda_2} + \dfrac{\delta_3}{\lambda_3}} \tag{2-32}$$

代入数据，得到

$$1500 = \frac{20 - (-183)}{\dfrac{2 \times 3 \times 10^{-3}}{45} + \dfrac{\delta_2}{263} + \dfrac{1.3467 \times 10^{-2}}{0.1}}$$

求解得 $\delta_2 = 0.14\,m$，因此，实际 $\delta_2 \geqslant 0.14\,m$。钢板壁厚为 3mm，采用钣金折弯技术，由于折弯的搭边需要一定长度，因此中空部分必须是钣金厚度的 6 倍，由于采用 L 形折边，所以还要加一个竖面壁厚，所以壁厚为 $3 \times 6 + 3 = 21$（mm），本节选择 22mm 作为中间空气保温层厚度，所以设计的收集装置的总壁厚为 $22 + 6 = 28$（mm）。

（2）方案选择

作者研究的尾气收集装置已经申请了发明专利，但目前没有实际应用，还需要进一步验证。本试验一共设计了 4 种方案，其各自的结构如图 2-30～图 2-33 所示。下面分别叙述每种装置的设计方案和实现尾气中的 CO₂ 与液氧的相变换热并将尾气 CO₂ 凝华成的干冰进行收集的方法。

尾气收集装置方案 1 如图 2-30 所示。内燃机燃烧排放的尾气通过排气管经过内燃机排气接口 1 进入后，先要被冷凝，使尾气达到 30℃，这是为了更好地将尾气中的 CO₂ 凝华。然后尾气进入装置，液氧也从液氧罐接口 8 被喷射入尾气收集装置，在没有汽化为 O₂ 之前，就被三角形块 9 导流到干冰收集网上。此收集网有两个，一个是正常的干冰收集网 3，一个是密排孔干冰收集网 5，以更加有效地收集干冰。在此装置内，液氧和干冰进行相变换热，随着液氧下降，干冰出现，干冰的密度比 O₂ 低，干冰增加到一定程度，干冰会聚集成块状，掉入底部的低温储存罐 4 和 6 中。同时，汽化的 O₂ 和尾气中未凝华成干冰的 CO₂ 可以继续通过内燃机进气管接口 7 达到内燃机的燃烧室，组成富氧混合气，进行富氧燃烧。

尾气收集装置方案 2 如图 2-31 所示。本装置与方案 1 的原理基本一致，可以达到尾气收集并冷凝的目的，只是将方案 1 中的普通收集网设计成了波浪曲线形，并且将内燃机尾气接口从装置的一侧向下移动了，目的是让尾气从收集装置的底部进入后，被波浪形的收集网阻挡，降低上升的速度，这样就增加了液氧与尾气进行相变换热的接触面积，从而达到更好的换热效果。本装置的孔状液氧分流装置 6 的设计可以达到将液氧分散均匀的目的，因为液氧进入方案 1 设计的尾气收集装置时，往往流量太大，流动没有任何阻挡，导致流体没有被分流，不利于液

氧汽化。另外，本装置的底部只有一个低温储存罐，设计更加简单，节约了装置的生产成本。

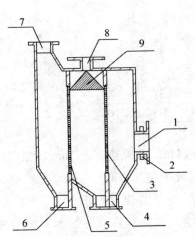

图 2-30 尾气收集装置方案 1

1—内燃机排气接口；2—尾气冷凝水套；3—干冰收集网；
4,6— 低温储存罐；5—密排孔干冰收集网；
7—内燃机进气管接口；8—液氧罐接口；9—三角形块

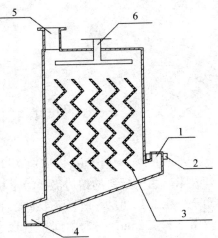

图 2-31 尾气收集装置方案 2

1—内燃机排气接口；2—尾气冷凝水套；
3—波浪曲线形干冰收集网；4— 低温储存罐；
5—内燃机进气管接口；6—孔状液氧分流装置

内燃机尾气收集装置方案 3 如图 2-32 所示。本设计是将方案 2 进行了部分改进。改进的设计如下：尾气排气管接口管外设计了冷凝循环水，通过了装置下部的沉降室 6，可以实现将尾气冷凝的同时将干冰进行冷凝，液氧通过孔状液氧分离装置 4 进入后，到达液氧降落空腔 5，这里也有上升进入的尾气，尾气可以被液氧凝华成干冰，然后进入沉降室 6，最后到达底部的低温储存罐 7，将干冰保湿保存然后利用。

内燃机尾气收集装置方案 4 如图 2-33 所示。本方案的设计原理与上面几个方案的原理基本一致。本装置设计最具有特点的部分是带液封的密封块 2，它既能将阻止液氧从液氧罐喷射入本收集装置后，直接进入底部的沉降室 3，又能阻止尾气从内燃机排气接口 1 进入本装置后，没有经过冷凝就从内燃机进气管接口 5 排出本装置。而且，本装置设计简洁，生产方便，更加适用于汽车这种需要考虑轻便性能要求的设备。

这 4 种方案各具特点，但是设计方案 4 最具有实际生产可行性，本节就采用方案 4 作为实际的设计方案。

在进行实际生产时，根据试验需要，此尾气收集装置还需进行改进。考虑试验需要观察干冰收集的情况，故需要在收集装置一侧设计观察窗。考虑生产的工艺性要求，内燃机尾气的排气管接到本收集装置上的入口管和收集装置的排气管可以采用两侧相对布置，因为如果将管段布置到顶部会增加装置的生产难度。经过改进的尾气收集装置的装配效果图如图 2-34 所示。

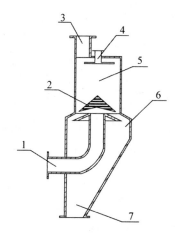

图 2-32　内燃机尾气收集装置方案 3
1—内燃机排气接口；2—液氧分流帽；
3—内燃机进气管接口；4—孔状液氧分流装置；
5—液氧降落空腔；6—沉降室；7—低温储存罐

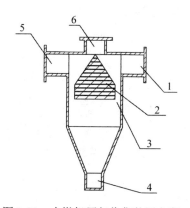

图 2-33　内燃机尾气收集装置方案 4
1—内燃机排气接口；2—带液封的密封块；
3—沉降室；4—低温储存罐；
5—内燃机进气管接口；6—孔状液氧分流装置

（3）零件设计

1）法兰。法兰总高 46mm，法兰盘厚度为 6mm，法兰盘外圆直径为 85mm，在法兰盘上设计了密封凹槽，与相结合的法兰公差配合，实现气体密封，法兰盘的圆周直径 70mm 处均布 6 个 M6 的螺栓孔。与法兰盘连接的管段外径 50mm，内径 41mm，管段内部攻螺纹。生产的法兰个数为 3，法兰的立体图如图 2-35 所示。

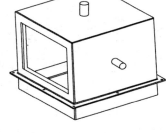

图 2-34　最终设计的尾气收集
装置的装配图

2）箱体。

① 上箱体。上箱体由内外两层箱体焊接而成，上内腔和上外腔零件立体图如图 2-36 和图 2-37 所示，上箱体的装配图如图 2-38 所示。上箱体由 3mm 厚的钢板焊接而成，两层中间设计空气保温层，厚度为 22mm。上外腔由 4 块长 500mm、宽 400mm 的钢板（其中一块钢板上开一个 300mm×400mm 的长方形孔）和一块长宽均为 500mm 的顶板焊接而成，其中一个侧壁钢板在中心打一个直径 42mm 的孔，顶板上打两个直径为 42mm 的孔，其中一个孔的圆心在板的中心，另一个孔的圆心在板材斜对角线上。上内腔由 4 块长 450mm、宽 375mm 的钢板（其中一块钢板上开一个 300mm×400mm 的长方形孔）和一块长宽均为 450mm 的顶板焊接而成，其中一个侧壁钢板在中心打一个直径 42mm 的孔，顶板上打两个直径为 42mm 的孔，其中一个孔的圆心在板的中心，另一个孔的圆心在板材斜对角线上。箱体底部用一块厚度为 3mm 的钢板把上内腔和上外腔焊接起来，封住中间的空气部分，同时上内腔和

上外腔设计的 300mm × 400mm 的长方形孔要重合，用于安装观察窗。同时在外边缘上均布螺栓孔，用于固定下箱体。

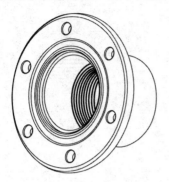

图 2-35　大法兰立体图

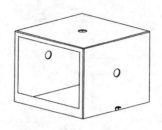

图 2-36　上内腔立体图

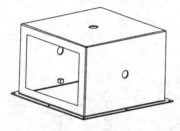

图 2-37　上外腔立体图

图 2-38　上箱体装配图

　　② 下箱体。下箱体也由内外两层箱体焊接而成，下内腔和下外腔零件立体图如图 2-39 和图 2-40 所示，下箱体装配图如图 2-41 所示。下箱体由厚度为 3mm 的钢板焊接而成，两层中间设计空气保温层，厚度为 21mm。下外腔的外壁由 4 块长 500mm、宽 100mm 的钢板和一块长宽均为 500mm 的顶板焊接而成。下内腔由 4 块长 450mm、宽 75mm 的钢板和一块长宽均为 450mm 的顶板焊接而成。下内腔和下外腔被一块厚度为 3mm 的正方形环焊接固定，此正方形环的外边缘为正方形，其边长为 560mm，内边缘也为正方形，其边长为 500mm。同时在外边缘上均布螺栓孔，与上箱体相配合，用于固定密封。

图 2-39　下内腔零件立体图

图 2-40　下外腔零件立体图

图 2-41　下箱体装配立体图

（4）装配

1）观察窗玻璃安装。箱体的观察孔采用钢化玻璃，用耐低温玻璃胶将玻璃与箱体进行密封。通过查阅资料可知，钢化玻璃具有良好的耐低温性能和耐温度冲击特性，最低使用温度为 −200℃，耐 300℃温度变化冲击，不会出现裂痕，所以试验装置采用钢化玻璃。本试验装置的钢化玻璃厚度为 30mm，可增强它的耐低温和耐温度冲击性能。

　　2）上下箱体连接。上下箱体通过凸台上面均布的 12 个 M5 螺栓进行连接，增设的螺栓用于更好的连接，达到密封及绝热的目的。

　　3）管与法兰连接。本装置连接需要购买 DN32 钢管国家标准件，一共需要 6 段长度为 20cm 的 DN32 钢管，其中 3 段单侧攻螺纹，另外 3 段钢管双侧攻螺纹。同时还需要 3 个 DN32 的球形阀。3 个单侧有螺纹的管段将没有螺纹的一侧焊接到箱体上，另一侧分别与 3 个球形阀连接。球形阀再与 3 个法兰进行连接。尾气收集装置的装配图和内部剖面图如图 2-42 和图 2-43 所示。

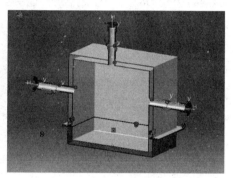

图 2-42　总装配图　　　　　　　　图 2-43　内部剖面图

　　尾气收集装置完成实际生产后，要运用喷塑工艺进行表面防锈处理，装置效果图如图 2-44 所示。

图 2-44　尾气收集装置效果图

2.2.2　液氧固碳试验

1．试验装置组装

试验装置组装时，先将内燃机的尾气管（图 2-45）收集装置的法兰与 DN32 不锈钢钢管、DN32 球形阀门和焊接 DN32 钢管的尾气收集装置依次连接，如图 2-46 所示。

考虑内燃机冷启动时，尾气容易混浊，影响试验效果，需要先将冷启动的内燃机尾气排出室外，因此在尾气收集装置的出口安装排气管道，将混浊尾气排出。安装过程为，首先在焊接在尾气收集装置上的 DN32 钢管上螺纹连接一个 DN32 的球形阀门，然后连接 DN32 的不锈钢管段，最后螺纹连接一个法兰，法兰另一端连接尾气排放管，尾气排放管连接到室外，安装效果如图 2-47 所示。

图 2-45　内燃机尾气管　　　图 2-46　连接效果图　　　图 2-47　尾气排放管安装效果

2．试验步骤

（1）内燃机预热

1）将尾气收集装置的内燃机排气接口端和发动机进气管接口端的球形阀门完全打开，将收集装置顶端的液氧输入管接口端的球形阀门关闭，使内燃机在预热阶段的尾气通过收集装置与内燃机进气管接口端连接的尾气排气管排放到室外。

2）将内燃机采用怠速工况运转，转速为 1500r/min。观察测功机计算机端界面上的内燃机润滑油温度，当温度到达 80℃时，预热结束。

（2）收集尾气

1）内燃机的工况：转速为 2148r/min，扭矩为 0.0974N·m，先为内燃机排气管安装冷凝水套，将尾气冷凝到接近 40℃，再将排气管连接到轻质的布袋上，收集内燃机运行试验所需的时间后产生的尾气，然后用天平称量布袋和气体的总质量，减去布袋的质量，就得到内燃机燃烧试验所需的时间排放的尾气的质量。

2）将尾气收集装置的内燃机排气管接口端的球形阀门打开，进气管接口端的球形阀门关闭，同时将顶端的液氧输入管接口端的球形阀门关闭。

3）使内燃机采用相同的工况，向尾气收集装置内排放尾气，当运转时间到达规定时间后，停止发动机。将尾气收集装置与内燃机排气管连接的球形阀门关闭，此时尾气收集装置的 3 个出口阀门均处于关闭状态。

（3）通入液氧

1）用液氧冷却液氧罐出口阀门上连接的波纹钢管。由于液氧罐阀门刚打开时，波纹钢管内部还有空气，并且管道内部温度也很高，此时很多液氧在波纹管内被汽化成 O_2，所以需要先进行波纹管冷却，打开液氧罐出口阀门，让液氧通过波纹管排放到大气中。当观察到波纹管出口处流出的液氧状态为液氧喷射状态，并且波纹管外壁面出现白色的水蒸气霜时，波纹管已经完全冷却，就可以向尾气收集装置内输送液氧了。

2）将尾气收集装置顶端的液氧进管与液氧罐上连接的波纹钢管进行连接，并马上打开尾气收集装置顶部的液氧输入管上连接的球形阀门，液氧会迅速喷射进入尾气收集装置。从打开阀门通入液氧开始计时，喷入液氧的时间与内燃机尾气收集的时间对应。当观察到尾气凝华成干冰时，迅速关闭液氧罐出口阀门，同时关闭尾气收集装置顶端的液氧输入口端的球形阀门，然后记录液氧通入的时间，试验过程如图 2-48 所示。

（4）观察干冰状态

为了防止随着尾气收集装置内部温度的上升，凝华成的干冰又重新升华为 CO_2 气体，必须迅速通过观察窗拍摄干冰收集情况。

（5）装置拆除、放气

将上下箱体的螺栓拆除，将尾气吸收装置的上下箱体拆开，将上、下箱体分别放置于通风处静置，当装置内的气体排空后，将尾气吸收装置的螺栓重新安装好。

图 2-48　液氧试验图

3．重复试验

试验共有 5 组，各组内燃机运行时间分别为 1min、3min、5min、7min、10min，每组试验重复（1）～（5）所述的步骤。

2.2.3　试验结论

1．试验计算

（1）内燃机尾气 CO_2 排放量

内燃机的排量为 0.125L，转速为 2148r/min，内燃机为 4 冲程，所以运行 1min 排放的尾气体积为

$$Q_{空气} = \frac{2148}{2} \times 0.125 = 134.25 \quad （L）$$

由理想气体标准体积 $V_m = 22.4 \, L/mol$，相应得

$$n_{空气} = \frac{Q_{空气}}{V_m} = \frac{134.25}{22.4} \approx 6.0 \quad （mol）$$

由于内燃机采用化油器式的燃烧方式，燃烧采用理论空燃比，汽油机的燃烧化学反应方程式为

$$C_8H_{18} + \frac{25}{2}O_2 \Longleftrightarrow 8CO_2 + 9H_2O \qquad (2-33)$$

所以

$$n_{O_2} : n_{CO_2} = \frac{25}{2} : 8$$

同时，空气中 N_2 和 O_2 的体积分数分别为 78% 和 21%，所以内燃机每分钟进气中的 O_2 为

$$n_{O_2} = n_{空气} \cdot 21\% = 6.0 \times 21\% = 1.26 \quad （mol）$$

所以

$$n_{CO_2} = \frac{8n_{O_2}}{\frac{25}{2}} = \frac{8 \times 1.26}{\frac{25}{2}} = 0.8064 \quad （mol）$$

即内燃机尾气中的 CO_2 气体每分钟排放量为

$$Q_{CO_2} = n_{CO_2} \cdot V_m = 0.8064 \times 22.4 \approx 18.06 \quad （L）$$

（2）液氧流量

液氧罐的气流量为 9.2 Nm^3/h，阀门开度缩小，采用 1% 开度，得到的气流量为 0.092 Nm^3/h。因为标准状态下液氧密度为 1.141 g/cm^3，即 1141 kg/m^3，所以液氧的流量为

$$Q_{O_2} = \rho \cdot V = 1141 \times 0.092 = 104.972 \quad （kg/h） \approx 29.2 \quad （g/s）$$

所以

$$n_{O_2} = \frac{29.2}{32} \approx 0.9 \quad （mol/s）$$

其中，O_2 的相对分子质量为 32。

（3）各组试验数据

通过理论计算，得到 1kg CO_2 气体凝华成干冰对应 1.67kg 液氧汽化成 O_2，同理 1mol CO_2 气体要凝华成干冰需要采用 2.30mol 液氧。下面计算内燃机运行 1min、3min、5min、7min、10min 时，排放的 CO_2 量和通入的液氧量。

1）当内燃机运行 1min 时：

$$n_{CO_2,1} = 1 \cdot n_{CO_2} = 1 \times 0.8064 = 0.8064 \quad （mol）$$

$$m_{CO_2,1} = 44 \cdot n_{CO_2,1} = 44 \times 0.8064 \approx 35.5 \ （g）$$

$$Q_{CO_2,1} = 1 \cdot Q_{CO_2} \approx 1 \times 18.06 = 18.06 \ （L）$$

需要的液氧量为

$$n_{O_2,1} = n_{CO_2,1} \cdot 2.30 = 0.8064 \times 2.30 \approx 1.86 \ （mol）$$

$$m_{O_2,1} = 32 \cdot n_{O_2,1} \approx 32 \times 1.86 = 59.52 \ （g）$$

因为

$$t = \frac{m_{O_2}}{Q_{O_2}} \tag{2-34}$$

所以

$$t_1 \approx \frac{59.52}{29.2} \approx 2.04 \ （s）$$

2）当内燃机运行 3min 时：

$$n_{CO_2,3} = 3 \cdot n_{CO_2} = 3 \times 0.8064 \approx 2.42 \ （mol）$$

$$m_{CO_2,3} = 44 \cdot n_{CO_2,3} \approx 44 \times 2.42 = 106.48 \ （g）$$

$$Q_{CO_2,3} = 3 \cdot Q_{CO_2} \approx 3 \times 18.06 = 54.18 \ （L）$$

需要的液氧量为

$$n_{O_2,3} = n_{CO_2,3} \cdot 2.30 \approx 2.42 \times 2.30 \approx 5.57 \ （mol）$$

$$m_{O_2,3} = 32 \cdot n_{O_2,3} \approx 32 \times 5.57 = 178.24 \ （g）$$

$$t_3 \approx \frac{178.24}{29.2} = 6.10 \ （s）$$

3）当内燃机运行 5min 时：

$$n_{CO_2,5} = 5 \cdot n_{CO_2} = 5 \times 0.8064 \approx 4.03 \ （mol）$$

$$m_{CO_2,5} = 44 \cdot n_{CO_2,5} \approx 44 \times 4.03 \approx 177.4 \ （g）$$

$$Q_{CO_2,5} = 5 \cdot Q_{CO_2} \approx 5 \times 18.06 = 90.3 \ （L）$$

需要的液氧量为

$$n_{O_2,5} = n_{CO_2,5} \cdot 2.30 \approx 4.03 \times 2.30 \approx 9.27 \ （mol）$$

$$m_{O_2,5} = 32 \cdot n_{O_2,5} \approx 32 \times 9.27 = 296.64 \ （g）$$

$$t_5 \approx \frac{296.64}{29.2} \approx 10.16 \ （s）$$

4）当内燃机运行 7min 时：

$$n_{CO_2,7} = 7 \cdot n_{CO_2} = 7 \times 0.8064 \approx 5.64 \ （mol）$$

$$m_{CO_2,7} = 44 \cdot n_{CO_2,7} \approx 44 \times 5.64 \approx 248.2 \ （g）$$

$$Q_{CO_2,7} = 7 \cdot Q_{CO_2} \approx 7 \times 18.06 = 126.42 \ （L）$$

需要的液氧量为

$$n_{O_2,7} = n_{CO_2,7} \cdot 2.30 \approx 5.64 \times 2.30 \approx 12.97 \ (mol)$$

$$m_{O_2,7} = 32 \cdot n_{O_2,7} \approx 32 \times 12.97 = 415.04 \ (g)$$

$$t_7 \approx \frac{415.04}{29.2} \approx 14.21 \ (s)$$

5）当内燃机运行 10min 时：

$$n_{CO_2,10} = 10 \cdot n_{CO_2} = 10 \times 0.8064 = 8.064 \ (mol)$$

$$m_{CO_2,10} = 44 \cdot n_{CO_2,10} = 44 \times 8.064 \approx 354.82 \ (g)$$

$$Q_{CO_2,10} = 10 \cdot Q_{CO_2} \approx 10 \times 18.06 = 180.6 \ (L)$$

需要的液氧量为

$$n_{O_2,10} = n_{CO_2,10} \cdot 2.30 = 8.064 \times 2.30 \approx 18.55 \ (mol)$$

$$m_{O_2,10} = 32 \cdot n_{O_2,10} \approx 32 \times 18.55 = 593.60 \ (g)$$

$$t_{10} = \frac{593.60}{29.2} \approx 20.33 \ (s)$$

通过以上的计算，可以得到内燃机不同的运行时间产生尾气中的 CO_2 的质量，通过 21.5 节计算得到的 O_2/CO_2 理论配比，计算得到理论上需要通入液氧的质量，但是实际情况中考虑尾气收集装置内的合理泄漏，还有液氧通过液氧输送波纹管时产生的合理泄漏，通入的液氧量要大于这个理论计算值。将试验数值和理论计算得到的内燃机产生的尾气中 CO_2 的质量和需要通入的液氧的质量进行对比，如表 2-9 所示。

表 2-9　理论和试验时实际通入的液氧质量对照

内燃机燃烧时间/min	CO₂ 质量/g		通入液氧质量/g		通入液氧时间/s	
	理论计算值	试验值	理论计算值	试验值	理论计算值	试验值
1	35.50	32.10	59.52	62.70	2.04	2.70
3	106.48	91.00	178.24	195.50	6.10	7.20
5	177.40	151.30	296.64	324.00	10.16	12.40
7	248.40	236.20	415.04	439.60	14.21	15.50
10	354.80	344.90	593.60	614.20	20.33	22.00

对应 5 组内燃机尾气固定试验，通过理论计算得到的内燃机尾气中的 CO_2 质量和实际试验中称量的尾气中的 CO_2 质量的对比，如图 2-49 所示。由于内燃机的尾气先经过冷凝至接近 40℃，所以尾气中的大部分水蒸气已经被冷凝成为水滴，通入布袋中的尾气绝大部分是 CO_2，还有一部分氮氧化物、CH 污染物和 CO 等。而且，内燃机经过预热，试验误差可以排除冷启动时尾气污染物浓度增加的情况。进行将液氧通入尾气收集装置，并将尾气中的 CO_2 凝华成干冰的试验时，根据应

用 2.1.5 节计算得到的 O_2/CO_2 相变换热的理论配比计算得到的理论需氧量和试验测得的实际需氧量进行对比，如图 2-50 所示。将液氧通入值和尾气中的 CO_2 的理论值与试验值进行对比，求得的差别率如图 2-51 所示。通过分析得到：

1）试验中得到的尾气中的 CO_2 的值和理论计算的 CO_2 值的差别率随内燃机运行时间的增加而降低，随着内燃机运行时间的增加，燃料燃烧更加完全。当内燃机运行时间为 1min 时，尾气内的污染物浓度较高，里面含有大量 CO、氮氧化物等污染物，从而降低了用称量法测得的尾气的质量。

2）试验中使用的液氧量相对于理论需氧量的差别率随着内燃机运行时间的增大而降低。原因是随着液氧通入时间的增加，液氧输送管道被冷却，从而降低了液氧在管道内的热损失，液氧可以完全用于将尾气中的 CO_2 凝华。

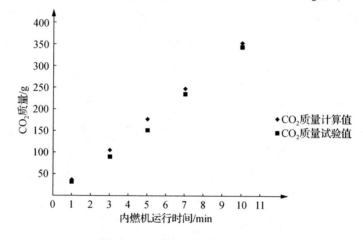

图 2-49　内燃机产生的 CO_2 质量

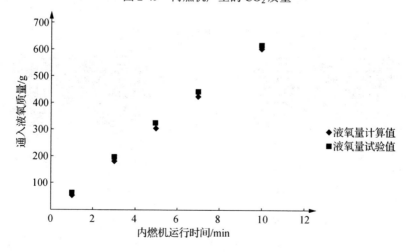

图 2-50　计算和试验实际通入液氧质量对比

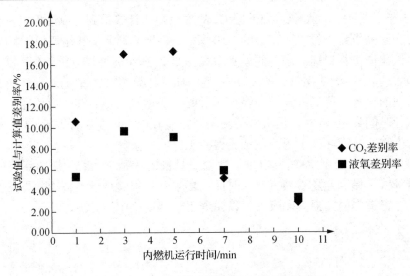

图 2-51　CO_2 和液氧计算值与试验值差别率

2．干冰状态分析

通过 5 组试验，图 2-52～图 2-56 为所拍摄的凝华成的干冰的状态。

图 2-52　内燃机运行 1min 时　图 2-53　内燃机运行 3min 时　图 2-54　内燃机运行 5min 时

图 2-55　内燃机运行 7min 时　　　　　图 2-56　内燃机运行 10min 时

1）当内燃机运行 1min 时，采用液氧将尾气中的 CO_2 凝华，得到的干冰状态如图 2-52 所示。通过此图可以得到，形成的干冰颗粒非常细小，这些细小的颗粒状物在尾气收集装置中呈悬浮状。这些干冰颗粒非常小，导致尾气收集装置内的气体能见度相对较高，可以看到装置侧壁面上面的管道出口。

2）当内燃机运行 3min 时，采用液氧将尾气中的 CO_2 凝华，得到的干冰状态如图 2-53 所示。尾气收集装置内的气体能见度降低，通过光照能看到，装置内悬浮状的干冰颗粒增多了。由于内燃机运行时间增长，排放的 CO_2 增加，干冰明显增多，但是，装置的体积没有增大，所以，装置内的气体更加浓稠，可视度降低。

3）当内燃机运行 5min 时，采用液氧将尾气中的 CO_2 凝华，得到的干冰状态如图 2-54 所示。随着内燃机运行时间的增加，尾气吸收装置内的 CO_2 气体凝华成的干冰相比之前的两组试验更多，从观察窗看到的是更浓稠的白色气体，采用强光照射收集装置内部时，可以看到光线的反射率增强，在视野内能看到更加密集的颗粒状干冰。

4）当内燃机运行 7min 时，试验得到的干冰凝华状态如图 2-55 所示。通过观察窗可以看到很多鱼鳞状的、毛絮状的干冰晶体。由于装置内收集到的尾气中的 CO_2 更多，这样凝华得到的干冰数量增多，这些悬浮于气体中的小颗粒状干冰数量增多，开始成为鱼鳞状的晶体。这些晶体还不够大，仍可以在装置内的气体中悬浮。

5）当内燃机运行 10min 时，试验得到的干冰凝华状态如图 2-56 所示。通过观察窗可以看到，此时的干冰晶体已经在观察窗上面形成，是一种白色的絮状晶体。由于尾气中的 CO_2 增加，产生的干冰数量上升，当悬浮的絮状干冰晶体增大到一定程度后，不能在气体中悬浮，就开始沉淀。

本次收集干冰试验验证了液氧和尾气进行相变换热的理论结果的正确性，证实了根据干冰收集装置的外围保温结构理论计算并设计生产的尾气收集装置符合试验要求。本试验还证实了液氧和尾气中的 CO_2 进行相变换热的过程非常快、换热效率非常高，可以应用于液氧固碳并能够无氮富氧燃烧的内燃机中。

3．试验小结

1）试验方案的目的是验证使用液氧和尾气相变换热的理论配比计算得到的液氧质量，能否在尾气收集装置内得到凝华的干冰。

2）本试验对尾气吸收装置的方案进行了选择和优化，并设计了尾气吸收装置的保温结构，即采用双层缸壁结构中间设 22mm 厚空气保温层的外围保温结构。

3）本试验设计了尾气收集装置的零件图并进行实际生产，最后对装置进行喷塑工艺的表面防锈处理。

4）本试验进行了液氧固定尾气中的 CO_2 的试验，分别采用 5 组不同的内燃机运行时间来收集尾气，然后向尾气收集装置内通入理论配比计算的液氧量，观察尾气中的 CO_2 是否凝华为干冰，并分析干冰形成的过程。本试验得到了干冰晶体，也验证了理论计算的液氧和尾气中的 CO_2 相变换热的配比是正确的。

第 3 章 汽油机 CO_2 固化

本章通过仿真与试验相结合的方法对汽油机 CO_2 固化问题进行研究。首先，应用 KIVA-3V 软件仿真汽油机在 O_2/CO_2 环境下的燃烧特性，分析不同 O_2/CO_2 质量分数比对缸内燃烧温度、压力、瞬时放热率及缸内 CO_2 的质量分数分布的影响，并得出 AJR 汽油机最佳的 O_2/CO_2 的质量分数的比值。其次，进行汽油机 CO_2 固化试验，借助欧洲稳态测试循环基于不同的转速和负荷将汽油机的工况分为 13 种，以此来研究不同工况对液氧固碳试验的影响，其中不同转速和负荷对汽油机缸内燃烧特性的影响由 KIVA-3V 来仿真分析，并总结缸内燃烧温度、压力、瞬时放热率及缸内 CO_2 的质量分数随转速和负荷的变化规律。最后，理论计算在 13 种工况下尾气中 CO_2 的生成量及所消耗的液氧量，并在该 13 种工况下进行液氧固碳试验，对比分析试验时所收集到的 CO_2 量及消耗的液氧量理论计算值的差异，观察总结不同工况对箱内 CO_2 冷凝过程的影响。

3.1 汽油机缸内燃烧过程的数值仿真

3.1.1 AJR 汽油机燃烧网格的建立

本节以 AJR 汽油机为原型机，并应用 KIVA-3V 软件 K3PREP 前处理器建立燃烧室的计算网格，应用 KIVA-3V 求解器模拟在 O_2/CO_2 进气环境下缸内的燃烧特性，所建计算网格的行程、缸径、压缩比等参数与原型机一致，发动机所用的燃料为 C_8H_{18} 正辛烷。AJR 汽油机采用自然吸气的进气方式，选择汽油作为燃油，采用多点电喷的供油方式，燃烧室形状为无偏心 ω 形，其余的参数如表 3-1 所示。

表 3-1 AJR 汽油机的参数

参数名称	参数	参数名称	参数
气缸数	4	最大功率/kW	74
每缸气门数	2	最大扭矩/（N·m）	155
压缩比	9.05∶1	最大功率-转速/（r/min）	5200
缸径/mm	81.00	最大扭矩-转速/（r/min）	3800
行程/mm	86.40		

KIVA-3V 采用块结构化网格，燃烧计算区域可由多块粘贴在一起，在画计算网格时需注意网格单元必须为正六面体，严禁畸变网格的生成。本节的计算网格

由块 1-燃烧室、块 2-缸径行程和块 3-顶隙 3 块粘贴而成，块 1 由 39 个网格点组成，其中 X 方向的网格数为 12，Y 方向的网格数为 16，Z 方向的网格数为 14。块 2 和块 3 的 X 方向网格数都为 22，Y 方向网格数都为 16，块 2 的 Z 方向的网格数为 24，块 3 的 Z 方向网格数为 6。3 个块的粘贴顺序为从块 2 的逻辑角点(1,1)开始，将块 1 的顶部粘贴到块 2 的底部，使用块 2 的坐标；从块 3 的逻辑角点(1,1)开始，将块 2 的底部粘贴到块 3 的顶部，使用块 3 的坐标。图 3-1 为 AJR 360° 燃烧计算网格，其中网格数为 16255，网格节点数为 16640。

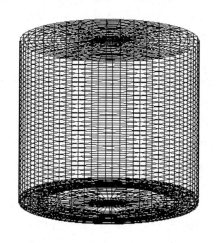

图 3-1　AJR 360° 燃烧计算网格

3.1.2　不同 O_2/CO_2 的质量分数比对缸内燃烧过程的影响

在内燃机的燃烧过程中，只有当燃料完全燃烧时才能释放出全部热量，因此在内燃机中通常采用进气增加技术来增加进气中 O_2 的质量分数。试验研究表明，当内燃机进气系统中 O_2 的质量分数增加时，氧分子和燃料分子的接触机会也增多，这有利于燃料的充分燃烧，从而提高了燃烧利用率，有效地减少了 CO 和 CH 的生成量。此外，进气中 O_2 质量分数的增加，也会提高内燃机的燃烧速度和燃烧效率，从而增加内燃机的放热量并增加内燃机的动力性。但是，进气中 O_2 的质量分数过大，也会产生负面影响，此时，内燃机的滞燃期会显著缩短，燃料在速燃期快速燃烧，缸内的压力升高率曲线变得陡峭，内燃机容易发生爆燃。随着 O_2 质量分数的增大，高温持续时间也会延长，从而使 CO_2 的生成量增加。为此本节将生成的 CO_2 再重新通入气缸中，以此来模拟废气再循环系统，这是因为 CO_2 的加入可以延长内燃机的滞燃期并可以控制缸内的燃烧温度和燃烧压力，以避免爆燃的产生，同时也有助于内燃机燃烧工况变得柔和。进气中 CO_2 的质量分数也要适中，若 CO_2 的质量分数太小，则无法控制缸内的燃烧速度和压力升高率，不利于内燃机恢复标准燃烧；若 CO_2 的质量分数太大，则会使内燃机后燃比较重，做功效率差，废气温度上升，甚至增加内燃机的缺火率，从而使内燃机的动力性和经济性下降。因此本节中采用的废气再循环率分别为 33%、37%、42% 和 48%，本节中的废气再循环率（EGR 率，φ_{EGR}）定义如下：

在内燃机进气总质量（O_2、CO_2 和少量的水蒸气）中 CO_2 所占的比例，即

$$\varphi_{EGR} = \frac{m_{CO_2}}{m_{O_2} + m_{CO_2} + m_{H_2O}} \tag{3-1}$$

图 3-2 为不同的 EGR 率对缸内平均温度的影响，由图可得，当 EGR 率分别为 33%、37%、42% 和 48% 时，缸内燃烧温度峰值分别为 2150K、2080K、1990K 和 1880K，所对应的曲轴转角分别为 −3°CA、3°CA、10°CA 和 15°CA，内燃机的滞燃期分别为 17°CA、21°CA、27°CA 和 33°CA。由此可见，增加进气中 O_2 的质量分数可以提高缸内温度峰值，使内燃机的滞燃期缩短，从而有效地提高燃烧效率。燃烧温度的峰值如果到达的时间过早，则混合气必然过早点燃，从而增加了内燃机在压缩行程中的负功；如果到达的时间过晚，则内燃机的膨胀将减小，动力性将降低。当 EGR 率为 33% 时，由于进气中 O_2 的质量分数较高，燃料分子与氧分子充分混合，所以滞燃期比较短，燃料着火后温度迅速上升，燃烧速度过快，从而使内燃机的工作过程变得粗暴，降低了内燃机的效率。相比于 EGR 率为 33% 和 37% 时，当 EGR 率为 42% 时，缸内 CO_2 质量分数的增加使缸内温度曲线较为平缓，燃烧速度较为适中；当 EGR 率为 48% 时，缸内 CO_2 的质量分数过高会使滞燃期明显滞后，燃烧速度明显下降，缸内温度峰值偏低，当曲轴转角为 15°CA 时才达到温度峰值。此时活塞已经下行一段时间，大部分热量生成于内燃机的后燃期，从而使废气温度上升，发动机的做功效率差，动力性和经济性偏低。

图 3-3 为不同 EGR 率缸内平均压力的影响，由图可得，当 EGR 率分别为 33%、37%、42% 和 48% 时，缸内压力峰值分别为 13MPa、12.2MPa、11.5MPa 和 10.8MPa，缸内最高压力值对应的曲轴转角分别为 −4°CA、5°CA、11°CA 和 14°CA。随着进气中 O_2 质量分数的增加，混合气充分混合迅速燃烧，因此在内燃机的速燃期，EGR 率越低，内燃机的缸内压力曲线越陡峭，压力升高率越大，内燃机的工况越趋于不稳定且易产生爆燃。当 EGR 率过高（$\varphi_{EGR} \geqslant 48\%$）时，由于缸内含有大量的 CO_2，燃料分子与 O_2 不能充分混合，因此燃烧速率下降。并且缸内大量的 CO_2 充当惰性气体并吸收了缸内的部分热量，使压力峰值降低，发动机不能有效做功。当 EGR 率偏低（$\varphi_{EGR} \leqslant 33\%$）时，由于缸内燃料分子与氧分子可以充分混合，所以内燃机的滞燃期缩短，燃料近乎可以完全燃烧，从而加快了燃烧速率，增大了缸内的压力升高率。虽然压力升高率的增大可引起缸内燃烧的等容度升高，对动力性和经济性有利，但是同时也会使内燃机的噪声和振动加大，易引起内燃机的爆燃，这不利于内燃机的稳定运行。因此合适的 EGR 率有利于内燃机的稳定运行。当 EGR 率为 42% 时，缸内的压力升高率较为适中，因为适当的 EGR 率有

效地控制了混合气的燃烧速度，所以缸内压力升高平稳，内燃机工作稳定。

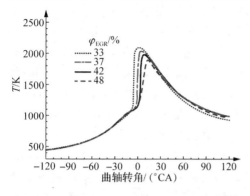 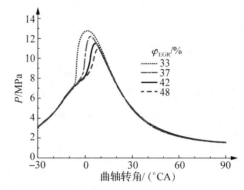

图 3-2　不同 EGR 率对缸内平均温度的影响　　图 3-3　不同 EGR 率对缸内平均压力的影响

　　内燃机燃烧过程的 3 个主要因素为放热率、放热开始时间和放热持续时间，这 3 个要素直接影响着内燃机缸内工质温度及压力的变化过程，进而影响内燃机的各种性能，所以累计放热率和瞬时放热率对内燃机缸内的燃烧过程有着至关重要的作用。

　　图 3-4 为在不同 EGR 率下缸内瞬时放热率曲线图，由图可知，随着 EGR 率的增加放热持续时间呈逐渐减小的趋势，这是因为随着 EGR 率的增加，缸内 CO_2 的质量分数逐渐增大，这不利于燃料分子和氧分子的充分混合，从而导致部分燃料分子未被燃烧，放热持续时间较为短暂，内燃机的动力性降低。当 EGR 率为 33% 时，放热开始时间对应的曲轴转角为 2°CA，放热持续时间主要集中在 −8～−3°CA，这是因为 EGR 率偏低，缸内 CO_2 的质量分数较小，氧分子与燃料分子充分混合，混合气点火后迅速燃烧，瞬时放出大量热量，太高的瞬时放热率也易引起爆燃。当 EGR 率为 48% 时，放热持续时间主要集中在 −3～4°CA，这是因为缸内 CO_2 的质量分数偏高吸收了大量的缸内温度，使缸内的燃烧温度降低，有效地抑制了燃烧速度，从而降低了放热率和放热持续时间，内燃机的动力性较差。当 EGR 率为 37% 时，放热持续时间主要集中在 −6～−2°CA；当 EGR 率为 42% 时，放热持续时间主要集中在 −4～1°CA，虽然瞬时放热率的值不是特别高，但是结合缸内燃烧温度和燃烧压力来分析，当 EGR 率为 42% 时，内燃机缸内温度曲线较为平缓，燃烧速度较为适中，缸内的压力升高率也比较平稳，内燃机工作稳定，不易产生爆燃。

　　图 3-5 为在不同 EGR 率下缸内累积放热率曲线图，该曲线主要分为 3 部分，第 1 部分为滞燃期（曲轴转角为 −120～−20°CA），该部分的累积放热率很低几乎为零，主要与燃烧过程的滞燃期相对应；第 2 部分的累积放热率很高（内燃机的曲轴转角为 −20～20°CA），该部分主要依赖于内燃机在滞燃期缸内累积的可燃混合气的流量，与燃烧过程的速燃期向对应；第 3 部分的累积放热率趋于平衡（曲

轴转角为 20～120°CA），该部分主要与燃烧过程的补燃期相对应。由图 3-5 可得，缸内累积放热率随着 EGR 率的增加而呈现出逐渐增大的趋势，这是因为 EGR 率越小，缸内的 O_2 含量就越高，越有利于燃料分子和氧分子的充分混合，内燃机的滞燃期越短，放热开始时间越靠前。当缸内混合气被点燃时，由于缸内 O_2 含量充足，混合气瞬时快速燃烧，缸内瞬时被火焰充满，从图 3-4 中可以看出，瞬时放热率值很高，但速燃期和补燃期的持续时间并不长，即放热时间较短，因此总的放热量较小。当 EGR 率很大时，此时缸内积累了大量的 CO_2，因此内燃机的滞燃期较长，从图 3-5 中可以看出，当 EGR 率为 48% 时，放热开始时间是最滞后的，速燃期和补燃期滞后，导致缸内后燃加重，燃烧期较长。从图 3-4 中可以看出，其放热持续时间较长，故累积放热率相对较高。当 EGR 率为 42% 时，此时缸内放热持续时间和总的放热量适中，结合前面的缸内温度和缸内压力来看，此时内燃机的工作工况比较平稳，后燃不重，动力性和经济性良好。因此当 EGR 率为 42%时为 AJR 汽油机的最优 EGR 率。

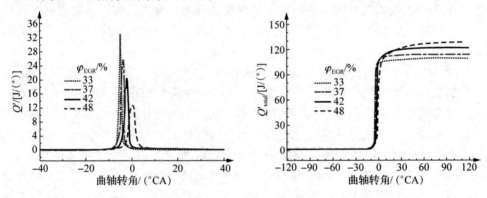

图 3-4　在不同 EGR 率下缸内瞬时放热率曲线图　图 3-5　在不同 EGR 率下缸内累积放热率曲线图

图 3-6 为 AJR 汽油机在 EGR 率为 42% 时，发动机处于速燃期和缓燃期的缸内 CO_2 的质量分数分布图，单位为 $\mu g/cm^3$。由图可知，当曲轴转角为 $-10°CA$ 时，缸内混合气刚刚点燃，火焰中心附近的温度较高但缸内的平均燃烧温度较低，故 CO_2 的生成量相对较少，与其他区域相比，燃烧室中央附近的 CO_2 的质量分数较高。随着活塞继续上行，当曲轴转角为 $-5°CA$ 时，由于燃烧已进行了一段时间，缸内的平均温度较高，此时 CO_2 的生成量相对较大。由于压缩过程后期缸内产生大量的挤流，所以带动生成的 CO_2 向燃烧室的两侧移动并形成了单个质量分数较高的区域。当曲轴转角为 1°CA 时，混合气充分燃烧，此时 CO_2 的质量分数继续升高并在整个燃烧室进行扩散。当曲轴转角为 5°CA 时，活塞开始下行，缸内气体的流动加强，CO_2 继续向燃烧室扩散，此时燃烧室上方的 CO_2 的质量分数较低，因为缸内挤流和活塞下行时产生的气体流动在燃烧室上方相汇并将混合气不断带走造成该区域温度较低，从而抑制了 CO_2 的生成。当曲轴转角为 10°CA 和

15°CA 时，活塞已下行一段时间，此时缸内的挤流较弱，因此燃烧室上方的 CO_2 质量分数较低的区域逐渐减小，缸内 CO_2 质量分数较高的区域不再呈单个分布而是均匀地分布于整个燃烧室。

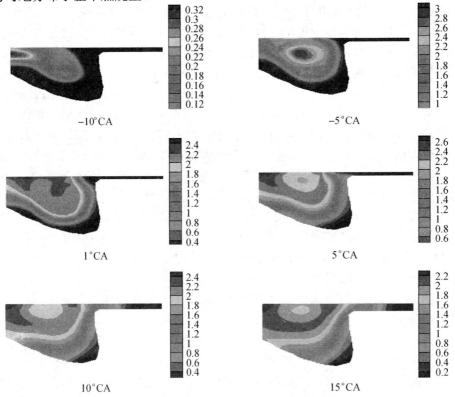

图 3-6　缸内 CO_2 的质量分数分布图 1

3.1.3　不同点火提前角对缸内燃烧过程的影响

缸内 CO_2 的质量分数
分布图 1（彩图）

　　点火提前角是指从内燃机的火花塞发出电火花时起到上止点之间的曲轴转角。不同的点火提前角对内燃机的性能有着重要的影响，最佳的点火提前角应使内燃机的缸内最高燃烧压力在上止点后 12～15°CA 时到达，此时发动机的燃油消耗率最低，内燃机的额定功率最大，发动机的燃油经济性最好。为了研究点火提前角对 AJR 汽油机的缸内燃烧过程的影响，本节保持其他参数不变，在 EGR 率为 42% 时，取点火提前角分别为上止点前 27°CA、21°CA、15°CA 和 5°CA 时对内燃机进行了仿真，研究了缸内平均燃烧温度、缸内平均燃烧压力和缸内瞬时放热率随点火提前角的变化关系。

图 3-7 为在不同点火提前角下内燃机缸内的平均温度图,由图可得,当点火提前角分别为上止点前 27°CA、21°CA、15°CA 和 5°CA 时,缸内燃烧温度峰值分别为 2310K、2130K、2080K 和 1780K,峰值燃烧温度对应的曲轴转角分别为 4°CA、7°CA、11°CA 和 15°CA。当点火提前角较大时,缸内最高燃烧温度提前,后燃较轻,燃烧等容度较大,燃料的利用率较好,但是缸内的压力升高率也会较高,可能引起内燃机的爆燃。当点火提前角较小时,内燃机的滞燃期较长,速燃期要推迟到活塞的膨胀行程中,加之活塞下行,缸内的燃烧温度会变得很低,这会加大内燃机的后燃。当点火提前角为 27°CA BTDC(before top dead center,上止点前)和 21°CA BTDC 时,由于点火提前角较大,活塞处于压缩行程末段,内燃机的滞燃期较为段短暂,火花塞点火后,缸内混合气迅速燃烧,燃烧温度很快便达到峰值,后燃较小。当点火提前角为 5°CA BTDC 时,此时活塞非常接近上止点,火花塞点火一段时间后,活塞便已经下行,燃烧室体积逐渐增大,缸内的温度较低,缸内大量的可燃混合气都在膨胀形成燃烧,内燃机的传热损失增多,排气温度较高,效率较低,后燃较重。当点火提前角为 15°CA BTDC 时,内燃机的滞燃期相对适中,温度峰值前的曲线斜率较为平缓,不像 27°CA BTDC 和 21°CA BTDC 的曲线那么陡峭,故火花塞点火后,燃烧速度缓慢,温度峰值出现的角度比较合理,热效率较好。

图 3-8 为在不同点火提前角下内燃机缸内的平均压力图,由图可知,当点火提前角分别为上止点前 27°CA、21°CA、15°CA 和 5°CA 时,缸内燃烧压力峰值分别为 9.8MPa、9.1MPa、8.7MPa 和 6.9MPa,缸内压力峰值对应的曲轴转角分别为 4°CA、6°CA、8°CA 和 10°CA。随着点火提前角的减小,内燃机缸内压力也随之下降,峰值压力出现的曲轴转角也随之移后,这是因为点火提前角的减少延长了内燃机的滞燃期,当缸内混合气点燃后,若点火提前角太大,则大量混合气会在活塞的膨胀行程燃烧,造成缸内压力值降低,从而出现爆燃现象。当点火提前角为 27°CA BTDC 和 21°CA BTDC 时,由于活塞处于压缩行程后期,混合气点火后,缸内压力迅速增大,并瞬时达到压力峰值,虽然此时内燃机燃烧产物的膨胀比较大,后燃较小,能源利用率较好,动力性和经济性优秀,但是压力曲线在达到压力峰值前段非常陡峭,压力升高率较高,燃烧的等容度较高,这会加大内燃机的噪声和振动,不利于内燃机稳定工作,从而减少活塞的寿命。当点火提前角为 5°CA BTDC 时,由于活塞已接近上止点,因此内燃机的滞燃期较长,混合气点被引燃并大量燃烧时,活塞已下行,速燃期过于滞后膨胀减小,补燃期过长,从而造成缸内压力较低,内燃机的后燃很重,经济性和动力性下降。相比于上述两种情况,当点火提前角为 15°CA BTDC 时,压力峰值前的曲线斜率较小,压力升高率较为适中,内燃机的动力性和经济性较好,当压力达到峰值时,曲轴转角为 8°CA,说明速燃期不是过于提前,补燃期较为短暂,因此内燃机的后燃较小,循环热效率和循环功率较高。

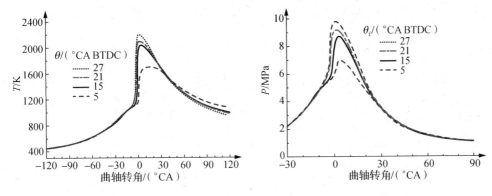

图 3-7　不同点火提前角对缸内平均温度的影响　图 3-8　不同点火提前角对缸内平均压力的影响

　　图 3-9 为点火提前角对 AJR 内燃机缸内瞬时放热率的影响，从图中可以看出，随着点火提前角的滞后，内燃机的缸内瞬时放热率呈下降趋势，放热率的持续时间相对增长。点火提前角的滞后，导致内燃机的滞燃期增长，缸内的大量可燃混合气在活塞处于膨胀形成中燃烧，此时由于活塞下行，缸内的温度和压力都下降，除热损失增多，热效率降低。当点火提前角为 27°CA BTDC 时，缸内瞬时放热率主要集中在 −10～2°CA，此时缸内大量混合气在压缩行程中燃烧，内燃机的负功增加，压力升高率增加，缸内压力过高，内燃机工作不稳定。当点火提前角为 21°CA BTDC 时，在速燃期和补燃期的瞬时放热率数值有所下降，放热持续时间有所增加，但是不够理想。当点火提前角为 15°CA BTDC 时，虽然瞬时放热率相比上述情况有所降低，但是放热持续时间增加了很多，主要集中在 −6～6°CA，此时内燃机的工作工况较为稳定，后燃较小。当曲轴点火提前角为 5°CA BTDC 时，由于滞燃期较长，放热主要集中在活塞的膨胀行程中，加上活塞下行，瞬时放热率小，所以后燃较重。

　　图 3-10 为点火提前角对 AJR 内燃机缸内累积放热率的影响，从图中可以看出，随着点火提前角的滞后，缸内累积放热率呈逐渐达到同一水平值的趋势，但是在曲线的上升阶段，点火提前角越大，曲线的上升斜率越小。当点火提前角为 27°CA BTDC 时，曲线最先达到平稳值，这是因为，点火提前角的增大使内燃机滞燃期较短，内燃机的燃烧开始时间相对提前，总的燃烧时间很短，放热持续时间也较为短暂，混合气集中在一阶段瞬时燃烧，使缸内瞬时产生大量热量并趋于稳定，这不利于内燃机的稳定工作。当点火提前角为 21°CA BTDC 时，曲线的上升斜率相对有所改善，但不理想。当点火提前角为 5°CA BTDC 时，由于滞燃期相对较长，混合气点火后活塞即将下行，导致大量的混合气在活塞下行阶段中燃烧，此时缸内的燃烧速度缓慢，后燃较大，燃油经济性较差。从图 3-9 中可以看出，虽然放热率数值不高，但是放热持续期相对较长，因此其累积放热率曲线达到平稳值时较为缓慢。当点火提前角为 15°CA BTDC，相比于其他 3 条曲线，该曲线的上升斜率较为理想，

所以点火提前角为 15°CA BTDC 时是该工况的最佳点火提前角。

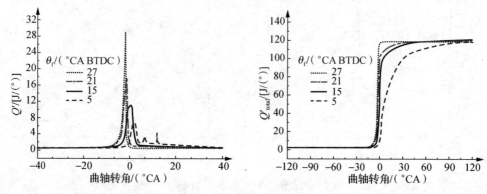

图 3-9　点火提前角对缸内瞬时放热率的影响　图 3-10　点火提前角对缸内累积放热率的影响

　　图 3-11 为 AJR 汽油机在点火提前角为 15°CA BTDC 时的缸内 CO_2 的质量分数分布图，由图可知，当曲轴转角为 −10°CA 时，此时火花塞已经点火，CO_2 的质量分数较高的区域集中在缸内火焰中心处，加上活塞处于压缩行程末端，缸内形成涡流，带动缸内高质量分数的 CO_2 向燃烧室两侧移动。当曲轴转角为 −5°CA 时，由于缸内的大量混合气持续燃烧，形成的 CO 在高温富氧的情况下继续转化为 CO_2，CO_2 的生成量持续增加。当曲轴转角为 1°CA 和 5°CA 时，缸内的火焰中心烧遍整个燃烧室，CO_2 也逐渐将整个燃烧室覆盖住。当曲轴转角为 10°CA 和 15°CA 时，活塞下行产生的缸内气体流动使缸盖处的 CO_2 随着活塞逐渐下移，并呈现出 CO_2 的质量分数较高的区域将逐渐覆盖整个燃烧室的趋势。

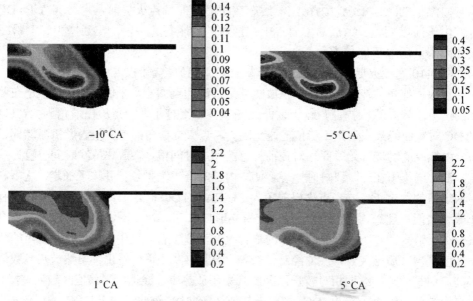

图 3-11　缸内 CO_2 的质量分数分布图 2

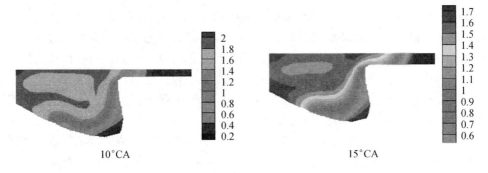

10°CA   15°CA

图 3-11（续）

3.1.4 不同转速对缸内燃烧过程的影响

发动机转速的改变不仅影响着内燃机的充气系数、缸内空气涡流运动、混合气质量，也影响着缸内的燃烧温度、燃烧压力、瞬时放热率及污染物生成量等问题。本节为了研究发动机在 EGR 率为 42% 时转速对缸内燃烧过程的影响，固定

缸内 CO_2 的质量分数
分布图 2（彩图）

其他参数不变，分别取转速为 1800r/min、2300r/min、2700r/min和 3100r/min 对缸内燃烧过程进行仿真，研究转速对缸内平均燃烧温度、平均燃烧压力及瞬时放热率的影响。

图 3-12 为在不同转速下 AJR 汽油机缸内平均温度曲线图，由图可知，当发动机转速分别为 1800r/min、2300r/min、2700r/min 和 3100r/min 时，燃烧温度峰值分别为 2200K、2100K、2080K 和 2000K，燃烧温度峰值对应的曲轴转角分别为 −5°CA、0°CA、9°CA 和 18°CA。随着转速的升高，内燃机的缸内温度呈逐渐降低的趋势，缸内最高燃烧温度对应的曲轴转角随着转速的升高而后移。内燃机转速的升高会使内燃机缸内气体涡流变强，气缸压缩行程终点的压力和温度也随之上升，混合气质量较好，另外燃烧室的壁面温度也随之升高，这些因素都使内燃机的滞燃期缩短，滞燃期越短内燃机在速燃期期间的燃烧温度就相对较低，燃烧速度也相对平缓，故燃烧温度随着转速的升高而降低。当转速为 1800r/min时，由于压缩行程终点时的压力和温度较低，内燃机的滞燃期相对延长，所以当火花塞点火时缸内已积累了大量的可燃混合气，可燃混合气着火后迅速燃烧，产生较高的温度，加快燃烧速率。相比于转速为 1800r/min 和 2300r/min，当转速为 2700r/min 时，转速的升高使内燃机的滞燃期相对较短，故火花塞点火时，缸内的混合气燃烧速度较为平缓，缸内的燃烧温度峰值适中。当转速为 3100r/min 时，内燃机滞燃期过于滞后，当活塞下行时，内燃机的速燃期才开始，因此内燃机的做功效果差，动力性大大降低。

图 3-13 为不同转速下 AJR 汽油机缸内平均压力曲线图，由图可知，当发动

机转速分别为 1800r/min、2300r/min、2700r/min 和 3100r/min 时，缸内压力峰值分别为 12.5MPa、11.8MPa、11MPa 和 9.8MPa，缸内压力峰值对应的曲轴转角分别为 1°CA、4°CA、13°CA 和 19°CA。随着转速的升高，内燃机的缸内压力呈逐渐降低的趋势。当转速为 1800r/min 时，压力曲线较为陡峭，这是因为内燃机的滞燃期的延长，缸内累积了大量的可燃混合气，当火花塞点火时，混合气快速燃烧，造成缸内压力升高率迅速增大，内燃机工作不稳定，易产生爆燃。当转速为 3100r/min 时，由于滞燃期较为短暂，缸内压力升高率较低，压力峰值较低，内燃机不能有效做功，动力性较差。当转速为 2700r/min 时，缸内的压力升高率较为适中，该速度下内燃机的滞燃期较为合适，缸内累积的可燃混合气在点燃后平稳燃烧，燃烧速度稳定，没有出现因燃烧速度过快而导致的压力升高率速增的现象。

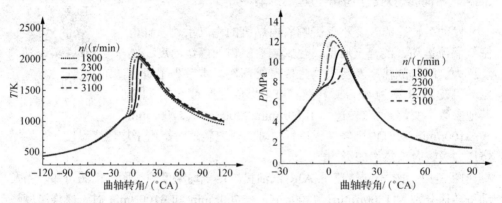

图 3-12 不同转速对缸内平均温度的影响　图 3-13 不同转速对缸内平均压力的影响

图 3-14 为不同转速对 AJR 汽油机缸内瞬时放热率的影响，瞬时放热率随着转速的增加而呈逐渐减小的趋势，这是因为随着转速的增加，在内燃机滞燃期缸内混合气的累积量减少，当火花塞点火引燃混合气后，混合气燃烧速度缓慢，缸内平均温度和平均压力较低，因此瞬时放热率较低。当转速为 1800r/min 时，内燃机曲轴转角为 $-30\sim-10°CA$ 时，内燃机的瞬时放热率为 0，该阶段和燃烧过程的着火延迟期相对应。当曲轴转角为 $-10\sim-6°CA$ 时，该阶段的瞬时放热率很高，该阶段的燃烧速度和燃烧质量依赖于滞燃期的持续时间，由于转速较低，内燃机在滞燃期累积的可燃混合气较多，所以燃烧速度较快，瞬时放热率较大，该阶段与燃烧过程的速燃期相对应。当曲轴转角为 $-6°CA$ 及以后时，该阶段的瞬时放热率较低，主要是该阶段燃烧速度降低再加上活塞已经开始下行缸内的温度和压力都降低所致，该阶段与燃烧后过程的补燃期相对应。当转速为 2300r/min 时，放热规律和转速为 1800r/min 时相似，舒适放热率都较高，放热持续时间都较短。当转速为 2700r/min 时，虽然瞬时放热率值不高，但是放热时间相对较长，瞬时放热率的最高值出现在 0°CA 左右，内燃机的做功较好。当转速为 3100r/min 时，放热时间也相对较长，但是瞬时放热率的最高值相对滞后，导致活塞的膨胀

减小，燃烧高温时期的传热表面积增加，这是不利的。

图 3-15 为在不同转速下 AJR 汽油机缸内累积放热率的曲线图，从图中可以看出，随着内燃机转速的升高，缸内累积放热率在曲轴转角为 55°CA 时趋于稳定，且不同的转速对累积放热率的影响不是非常明显。在累积放热率曲线上升阶段（曲轴转角 $-10 \sim 10°CA$），随着内燃机转速的增加，曲线上升斜率逐渐减小且曲线相对滞后。这是因为发动机转速的增加使缸内滞燃期相对缩短，缸内混合气质量良好，混合气着火后，燃烧速度较平缓，混合气在活塞的压缩行程后段和膨胀行程中燃烧，放热持续时间相对较长。当转速过低时，缸内压力和温度相对较低，从而导致内燃机的滞燃期较长，缸内累积了大量可燃混合气，火花塞点火后，缸内瞬间被火焰填满，燃烧速度快，缸内大量热量在一瞬间释放，放热时间较短，故累积放热率的升高较快。

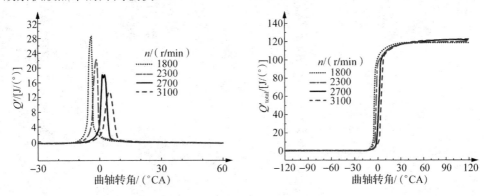

图 3-14　在不同转速下缸内瞬时放热率曲线图　图 3-15　在不同转速下缸内累积放热率曲线图

图 3-16 为转速为 2700r/min 时，发动机处于速燃期和补燃期的缸内 CO_2 的质量分数分布图，当曲轴转角为 $-10°CA$ 时，活塞处于压缩行程即将到达上止点，由于转速的增加，压缩行程终点的压力和温度都较高，缸内的湍流增加，内燃机的滞燃期较为短暂，故该阶段 CO_2 的质量分数较低。当曲轴转角为 $-5°CA$ 时，缸内 CO_2 的质量分数增加，这是因为火焰中心引燃周围混合气，使缸内温度和压力升高，造成 CO_2 生成量增加。当曲轴转角为 1°CA 时，缸内混合气继续燃烧，缸内温度和压力也随之升高，CO_2 生成量持续增加。当曲轴转角为 5°CA 时，由于活塞下行产生的空气流动使高质量分数的 CO_2 不再局限于燃烧室中央附近，而是随着缸内的空气流动而向燃烧室右侧大量扩散。当曲轴转角为 10°CA 时，从缸内温度曲线和压力曲线可以看出，此时缸内的温度和压力接近温度峰值和压力峰值，故该阶段缸内 CO_2 的质量分数达到最高，并随着活塞的下行向缸盖移动。当曲轴转角为 15°CA 时，燃烧室内 2/3 的区域内都含有高质量分数的 CO_2，由于此阶段已进入内燃机的补燃期，燃烧温度和燃烧压力有所下降，所以 CO_2 生成量不会在此阶段大幅度增长，此时缸盖处 CO_2 的质量分数达到峰值。

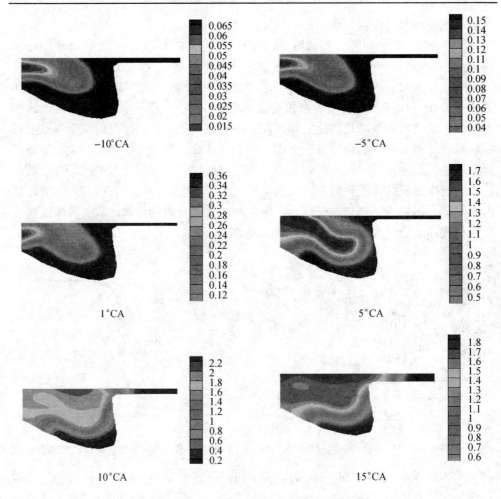

图 3-16　缸内 CO_2 的质量分数分布图 3

3.1.5　不同负荷对缸内燃烧过程的影响

　　内燃机负荷的改变不仅影响内燃机的充气系数、混合气
质量和燃油消耗率等因素，同时也影响着缸内燃烧温度、燃
烧压力及污染物的生成量。所谓发动机负荷就是指发动机在
某一转速下发出的功率与在该转速下发出的最大功率之比。
为了研究不同负荷对 AJR 汽油机缸内燃烧过程的影响，本节

缸内 CO_2 的质量分数
分布图 3（彩图）

保持其他参数不变，选取转速为 2700r/min 时，分别将内燃机的负荷改为额定工
况的 25%、50%、75% 和 100%，并应用 KIVA-3V 进行仿真，研究不同负荷对缸
内燃烧过程的影响。

　　图 3-17 为在不同负荷下 AJR 内燃机缸内燃烧温度曲线图，由图可得，当负
荷分别为 25%、50%、75% 和 100% 时，缸内最高燃烧温度别为 1850K、1990K、

2245K 和 2260K，缸内最高温度对应的曲轴转角分别为 5°CA、8°CA、10°CA 和 11°CA。在速燃期和补燃期缸内的燃烧温度都随着负荷增加而升高，这是因为随着负荷的增加，内燃机节气门的开度将加大，缸内的充气系数也随之上升，此时充入到缸内的可燃混合气较多，由于缸内的残余废气量是不变的，所以残余废气系数随着负荷的增加而降低，因此内燃机缸内点火后，火焰传播速率较快，缸内燃烧温度和燃烧压力都较大。当内燃机负荷为 75% 和 100% 时，节气门开度较大，进入气缸中的可燃混合气较多，火花塞点火后，火焰中心迅速引燃周围混合气，燃烧速度加快，温度到达峰值进入补燃期后，由于缸内的可燃混合气较多，所以补燃期的燃烧温度也高于其他负荷下的温度。当负荷为 50% 和 25% 时，节气门的开度较小，内燃机充气系数下降导致缸内可燃混合气较少，滞燃期延长，当混合气点燃后，火焰传播速度降低，缸内燃烧温度下降，燃油消耗率增加。

图 3-18 为不同负荷下内燃机缸内燃烧压力的曲线图，当负荷分别为 25%、50%、75% 和 100% 时，缸内最高燃烧压力分别为 8.8MPa、9.2MPa、9.7MPa 和 9.8MPa，缸内压力峰值对应的曲轴转角分别为 5°CA、9°CA、13°CA 和 14°CA。缸内压力曲线随着负荷的增加而逐渐升高，总体趋势和温度曲线相似。随着节气门开度的增大，缸内残余废气系数下降，滞燃期缩短。滞燃期越短，滞燃期累积的可燃混合气就越少，混合气点燃后缸内燃烧压力就越低，压力升高率越平稳。但是由于负荷的增大，缸内可燃混合气的含量逐渐增多并打破了这种趋势，进而出现了图 3-18 中所示的曲线，当负荷为 100% 和 75% 时，缸内燃烧压力均高于负荷为 50% 和 25%。

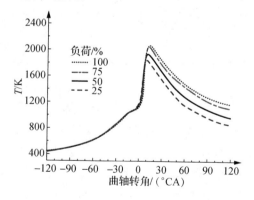

图 3-17 不同负荷对缸内温度的影响

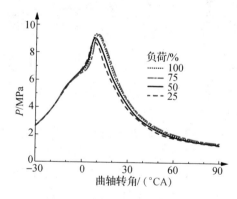

图 3-18 不同负荷对缸内压力的影响

图 3-19 为在不同负荷下 AJR 内燃机缸内瞬时放热率的曲线图，由图可得，当内燃机负荷逐渐增大时，缸内的瞬时放热率随着负荷的增加而逐渐增大。当内燃机负荷增加时，缸内充气系数急剧上升，缸内残余废气系数降低，充入到缸内的可燃混合气增多，火花塞点火后，混合气在速燃期快速燃烧，造成瞬时放热率升高。由于通入到缸内的可燃混合气较多，所以当内燃机的速燃期过后，缸内压

力达到峰值，此后内燃机便进入补燃期，此时缸内的主要容积已被火焰充满，由图 3-17 可以看出，混合气的燃烧速度已经开始下降，加上活塞已经开始向下止点加速移动，缸内的混合气主要是在湍流火焰前锋产生未完全燃烧的混合气和附着在缸壁的混合气继续燃烧，此时缸内的瞬时放热率也随之降低。当负荷较低时，由于缸内累积的可燃混合气较少，所以内燃机的瞬时放热率的持续时间较为短暂，内燃机的动力性也相对较弱。

　　图 3-20 为在不同负荷下 AJR 内燃机缸内累积放热率的曲线图，从图中可以看出，随着内燃机负荷的增加，缸内累积放热率逐渐增大。当增加内燃机的负荷时，缸内的残余废气量不变，缸内充气系数急剧增大，冲入到缸内的可燃混合气增多，当缸内混合气增多时，火花塞点火后，混合气在速燃期迅速燃烧并瞬时放出高热量，放热持续时间较长。当负荷较低时，由于缸内的可燃混合气较少，所以发动机点火后，缸内的燃烧温度较低，放热量将大大减少，放热持续时间也将大大缩短。

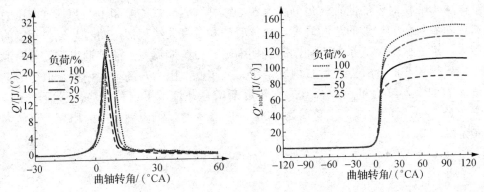

图 3-19　在不同负荷下缸内瞬时放热率曲线图　图 3-20　在不同负荷下缸内累积放热率曲线图

　　图 3-21 为负荷为 75% 时 AJR 汽油机缸内 CO_2 的质量分数分布图，所选取的 CO_2 的质量分数分布图所处的时期为内燃机的速燃期和补燃期。随着负荷的增加，内燃机的充气系数急剧上升，残余废气系数减少，因此内燃机的滞燃期将会缩短。当曲轴转角为 $-10°CA$ 时，活塞处于压缩行程的末期，缸内温度和压力较高，由于内燃机的节气门开度较大，此时缸内累积的可燃混合气较多，混合气点燃后，缸内温度升高，CO_2 的质量分数较高的区域集中在燃烧室中心处，因为此时火焰中心处温度较高，CO 转化为 CO_2。当曲轴转角为 $-5°CA$ 时，燃烧继续进行，此时内燃机处于速燃期，缸内温度和压力继续上升，火焰继续在缸内传播，在火焰中心处生成的 CO_2 量持续增加，CO_2 的质量分数较低的区域开始向燃烧室两侧扩散。当内燃机处于 $1°CA$ 时，活塞到达上止点，缸内温度和压力持续增大，CO_2 生成量依旧在凹坑中央附件最多，且生成量持续增加，从而使整个燃烧室内 CO_2 的质量分数都较高。当曲轴转角为 $5°CA$ 时，根据缸内温度和压力曲线图（图 3-17

和图 3-18）可得，此时缸内的温度和压力都已经接近峰值，在此阶段缸内生成了大量的 CO_2，CO_2 已经充满整个燃烧室。加之此时活塞已处于下行阶段，凹坑底部的 CO_2 的质量分数也在增加。当曲轴转角为 10°CA 时，内燃机已经进入补燃期，此时的燃烧室已被火焰充满，在凹坑的中部，CO_2 的生成量明显增大，且呈现出充满整个燃烧室的趋势。当曲轴转角 15°CA 时，整个燃烧室中部的 CO_2 的质量分数都较高，缸内 CO_2 的生成量达到最大值。

缸内 CO_2 的质量分数
分布图 4（彩图）

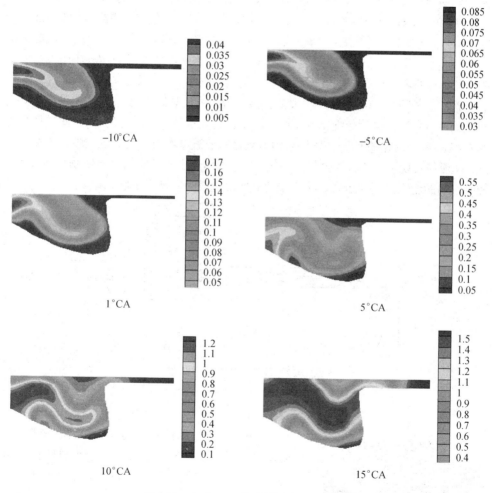

图 3-21 缸内 CO_2 的质量分数分布图 4

3.2　汽油机 CO_2 固化试验

3.2.1　试验设计

（1）试验总体方案

AJR 汽油机的液氧固碳试验的总流程图如图 3-22 所示。首先尾气收集装置上的 6 和 7 两个球阀是关闭的，球阀 8 是打开的。内燃机采用纯氧进气，这杜绝了气体中氮元素的存在，因此消除了尾气中氮氧化物对试验的影响，此时尾气中存在的气体有 CO、HC、CO_2 及少量的水蒸气。尾气排出后经过三元催化反应器，尾气中的 CO、HC 将被氧化为 H_2O 和 CO_2。为了消除水蒸气对试验的影响，尾气会经过干燥器干燥之后，打开球阀 6，这便使较为纯净的 CO_2 气体进入尾气收集装置中，让尾气持续通入一段时间将收集装置中的空气扫除后，关闭球阀 8 进行尾气收集，当尾气充满收集装置后，关闭球阀 6 并打开球阀 7 使液氧流入收集装置中与 CO_2 气体进行相变换热反应，CO_2 气体将放热固化为干冰，液氧将会大量吸热并汽化为 O_2。此时打开球阀 6 和 8，未被固化的 CO_2 气体将会随着汽化的液氧进入内燃机的进气歧管中参与燃烧，从而便实现了内燃机的全封闭系统。CO_2 气体用于模拟废气再循环系统，以此来控制缸内的燃烧温度和压力，防止由纯氧燃烧造成的内燃机爆燃。

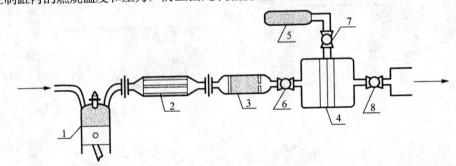

图 3-22　液氧固碳试验方案图

1—汽油机；2—三元催化器；3—干燥器；4—尾气收集装置；5—液氧罐；6，7，8—球阀

图 3-23　AJR 汽油机

（2）AJR 汽油机排气管的改造

本节所进行的液氧固碳试验准备采用的试验机为 AJR 汽油机，如图 3-23 所示。由于该试验机仅用于教学，故发动机的排气管未安装任何的尾气净化处理装置。为了最大可能地消除发动机其他气体对试验的影响，本节决定改装该试验机的排气管，加上尾气处理装置以最大可能地保持试验的准确性。

第 1 步，由于购买的发动机头端排气管（图 3-24）

为原车所配，要比试验中所需发动机排气管长，所以需要对该排气管进行切割、焊接。在氧传感器的位置上根据螺母的尺寸打孔，并将氧传感器的螺母焊接在相应的位置上。第 2 步，选用满足欧 IV 标准的三元催化器（图 3-25），该催化器的起燃温度为 250～350℃，正常的工作温度为 400～800℃，为了使催化器正常工作，该催化器必须焊接在改装好的头端排气管的末端，焊接方向如图 3-25 中的方向箭头所示。第 3 步，将钢管（DN50）的一部分（钢管的长度自由分配，最好按图 3-24 中的长度）焊接在三元催化器的末端。该钢管也可以焊接在排气管和三元催化器的中间或者是三元催化器和消音器之间作为连接件。第 4 步，将消音器（图 3-26）与三元催化器的末端进行焊接。第 5 步，将波纹管（图 3-27）的焊接头与消音器末端进行焊接。该波纹管的焊接头在定做的时候尺寸有些误差，为了方便焊接，可将消音器的末端进行打磨，然后进行焊接。波纹管主要用于连接 CO₂ 收集装置。改造前的排气管与改造后的排气管对比如图 3-28 所示。

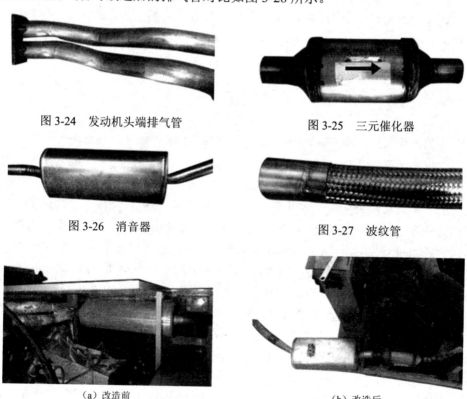

图 3-24　发动机头端排气管　　　　　图 3-25　三元催化器

图 3-26　消音器　　　　　　　　　　图 3-27　波纹管

（a）改造前　　　　　　　　　　（b）改造后

图 3-28　排气管改造前后对比图

（3）CO₂ 收集装置的设计与生产

内燃机所排放的尾气经过净化处理后留下纯净的 CO₂ 气体进入收集装置中，

然后在收集装置中通入液氧，与之进行相变换热，将气态的 CO_2 固化为干冰并封存在尾气收集装置中。故设计生产的尾气收集装置需满足以下要求：

1）收集装置要耐低温，至少能承受 $-183℃$ 以下的低温环境。

2）与发动机的尾气管可以快速方便地连接。

3）收集装置要留有观察窗，以便随时可以对内部的反应进行观察。

4）收集装置要隔温绝热。

5）为了测量收集装置中的温度，该收集装置要预留出传感器的安装孔。

为了满足上述要求，本节决定将收集装置的材质选为 3mm 厚的钢板，并采用钣金折弯工艺制成箱体。为了使收集装置内部与外部环境更好地绝热，防止固化的干冰升温气化，本节决定将收集装置设置为双层结构，中间采用空气隔热，空气隔热层的厚度计算如下：

$l_1 = 3mm$ 为钢板 1 和钢板 2 的厚度；钢板 1 和钢板 2 之间的厚度 l_2 为待求量；收集装置的内部温度设为 $t_1 = -183℃$，外侧温度（室温）为 $t_2 = 15℃$；钢板的导热系数为 $\lambda_1 = 45W/(m \cdot K)$，空气的导热系数为 $\lambda_2 = 263W/(m \cdot K)$；$Q = 1500W/m^2$ 为外侧钢板的热流度最低值，且

$$Q = \frac{t_2 - t_1}{\frac{2l_1}{\lambda_1} + \frac{l_2}{\lambda_2}} \tag{3-2}$$

将上述数据代入后，得 $l_2 = 35mm$。因此中空部分的厚度为 35mm。

该收集装置的总体尺寸为 500mm × 500mm × 500mm，由上下两个箱体组成。其中上箱体的外腔尺寸为 500mm × 500mm × 400mm，外腔和内腔采用钣金折弯工艺，为了使内腔和外腔便于安装和拆卸，需要在内腔外侧弯出一个搭边，外腔内侧焊接一个固定台。根据钣金折弯工艺可知，搭边的长度至少是钣金厚度的 6 倍，因此内腔的尺寸为 449mm × 450mm × 365mm，并且搭边和固定台上要钻出 M6 的螺纹孔以便内外腔的安装。在固定好内外腔后要在外腔的中央位置开出300mm × 400mm 的矩形孔用作观察窗，为了防止高低温变化对于观察窗的冲击而产生的裂痕现象，本装置中采用钢化玻璃来抵御高低温的瞬变带来的冲击。此外在上箱体的顶侧、左侧和右侧需钻出 $\phi42mm$ 通孔，该 3 个通孔分别用于液氧罐的连接、发动机排管的连接和废气排放管的连接。下箱体的外腔尺寸为 500mm × 500mm × 100mm，由于箱体的外腔和内腔同样采用钣金搭边工艺，故下内腔的尺寸为 449mm × 450mm × 65mm。上箱体和下箱体采用螺栓连接，在上箱体和下箱体的底边上分别钻出 16 个 M8 的螺纹孔用于连接，收集装置的剖视图和立体图如图 3-29 所示。

此外，为了监测收集装置中温度的变化，在收集装置上要安装超低温传感器，本装置共安装 3 个超低温传感器，安装在收集装置顶侧的传感器为 1 号传感器，

由于顶侧与液氧罐相接，液氧由顶侧流入收集装置中，1 号传感器主要监测顶部的温度变化；安装在左侧中间的是 2 号传感器，由于液氧流入收集装置中后会与高温的尾气产生相变换热反应，该传感器主要监测收集装置中间部分的温度变化；3 号传感器安装在收集装置的底部，低温液氧与高温尾气的相变换热反应完成后，固化的干冰会掉入收集装置的底部，3 号传感器就用来监测收集装置底部的温度变化。传感器及温控仪的参数如表 3-2 和表 3-3 所示，实际生产的收集装置如图 3-30 所示，收集装置与排气管的连接如图 3-31 所示。

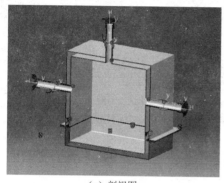
（a）剖视图

（b）立体图

图 3-29　收集装置设计图

表 3-2　传感器参数

名称	规格	测量温度范围/℃
低温型铂电阻传感器	PT100\A	−200～+100

表 3-3　温控仪参数

名称	工作电压/V	整机功耗/W	采样速度/（次/s）	测量精度/（%fs）	温度显示范围/℃	超限显示	工作温度/℃
XMT 温控仪	DC220	小于 2	4	0.2	−1999～+9999	"EEE.E"	0～50

图 3-30　收集装置

图 3-31　收集装置与排气管的连接

（4）AJR 汽油机试验工况的划分

为了更好地研究内燃机在不同的燃烧工况下对液氧固碳试验的影响，本节将借助 ESC（European steady state cycle，欧洲稳态测试循环）将 AJR 汽油机的工况细分为 13 工况并分别进行液氧固碳试验，观测在不同工况下尾气的浓度并测试尾气中污染物的成分，并实时监测收集装置中的温度，当收集装置中通入液氧后，继续观测在 13 工况下，液氧和 CO_2 的反应情况，同时记录收集装置中的温度变化。

ESC 包含 13 个稳态工况的循环，该测试方法要求在各种稳定的工况下测定柴油机（本节为汽油机）的废气排放量。

1）怠速为第 1 种工况。

2）转速为 A 时，内燃机负荷分别为 25%、50%、75% 和 100%，共 4 种工况。

3）转速为 B 时，内燃机负荷分别为 25%、50%、75% 和 100%，共 4 种工况。

4）转速为 C 时，内燃机负荷分别为 25%、50%、75% 和 100%，共 4 种工况。

内燃机转速 A，B，C 的确定如下：

$$A = n_{lo} + 25\%(n_{hi} - n_{lo})$$
$$B = n_{lo} + 50\%(n_{hi} - n_{lo})$$
$$C = n_{lo} + 75\%(n_{hi} - n_{lo})$$

式中：n_{hi} —— 内燃机最大净功率 70% 以下的最高内燃机转速；

n_{lo} —— 内燃机最大净功率 50% 以下的最低内燃机转速。

本章中取 n_{lo} 为 1900r/min，n_{hi} 为 3500r/min，代入上式计算得 $A = 2300$r/min，$B = 2700$r/min，$C = 3100$r/min。

液氧固碳试验的 13 种工况的划分如表 3-4 所示，怠速为第 1 种工况，其他的 12 种工况分别为转速为 2300r/min、2700r/min 和 3100r/min 时，对应的内燃机负荷分别为 25%、50%、75% 和 100%，4.3 节的相关试验便基于此 13 种工况。

表 3-4　AJR 汽油机 13 种工况的划分

工况号	发动机转速/（r/min）	负荷/%	工况时间/min
1	怠速	—	4
2	2300	25	2
3	2300	50	2
4	2300	75	2
5	2300	100	2
6	2700	25	2
7	2700	50	2
8	2700	75	2
9	2700	100	2
10	3100	25	2

工况号	发动机转速/（r/min）	负荷/%	工况时间/min
11	3100	50	2
12	3100	75	2
13	3100	100	2

3.2.2　理论计算与试验结果分析

1. 13 种工况下 CO_2 理论生成量与液氧理论使用量的计算

（1）怠速工况

当该试验机在怠速情况下运行时，内燃机极易出现"灭火"情况，故该试验机的怠速一般控制在 1050r/min。由于 AJR 汽油机的排量为 1.8L，4 个冲程，故曲轴每转 2 圈，内燃机进排气各一次，每分钟尾气的生成量为

$$V_{尾气} = \frac{1050}{2} \times 1.8 = 945（L/min）\tag{3-3}$$

在标准状态下，换算成物质的量，即尾气的量为

$$n_{尾气} = \frac{V_{尾气}}{V_m} = \frac{945}{22.4} \approx 42.19（mol/min）\tag{3-4}$$

式中：V_m——摩尔气体在标准大气压下的体积，精确值为 22.41410L/mol，一般可取 22.4L/mol。

由于 AJR 汽油机所用的燃料为 C_8H_{18} 正辛烷，故该燃料在燃烧时的化学反应方程式如下：

$$C_8H_{18} + \frac{25}{2}O_2 = 8CO_2 + 9H_2O\tag{3-5}$$

由于 O_2 在空气组分中所占的体积分数为 21%，所以 O_2 的量为

$$n_{O_2} = n_{尾气} \times 21\% \approx 42.19 \times 21\% \approx 8.86（mol/min）\tag{3-6}$$

CO_2 的量为

$$n_{CO_2} = \frac{2 \times 8}{25} \times n_{O_2} \approx \frac{16}{25} \times 8.86 \approx 5.67（mol/min）\tag{3-7}$$

从而计算出尾气中 CO_2 的排放量为

$$V_{CO_2} = n_{CO_2} \times V_m \approx 5.67 \times 22.4 \approx 127（L/min）\tag{3-8}$$

一般情况下，液氧罐的气流量在不大于 9.2 m^3/h 的情况下是安全的，本节中所注入液氧的速度较为缓慢，液氧罐的气流量控制在 1 m^3/h 左右。液氧在标准状态下的密度为 1.141kg/L，即为 1141kg/m^3，液氧的通入质量为

$$m_{液氧} = \rho \cdot V = 1141 \times 1 = 316.9（g/s）\tag{3-9}$$

换算出液氧的量为

$$n_{液氧} = \frac{m_{液氧}}{M_{O_2}} = \frac{316.9}{32} \approx 9.9\,(\text{mol/s}) \tag{3-10}$$

通过 2.1.5 节的计算得，要将 1kg 的 CO_2 气体固化，需要消耗的液氧的质量约为 1.67kg；要将 1mol 的 CO_2 气体固化，需要消耗的液氧量约为 2.30mol。因此，AJR 汽油机在怠速工况下运行 4min，尾气中产生的 CO_2 质量及所消耗的液氧质量分别为

$$m_{CO_2,4} = M_{CO_2} \times n_{CO_2} \times 4 \approx 44 \times 5.67 \times 4 = 997.92\,(\text{g}) \tag{3-11}$$

$$m_{O_2,4} = m_{CO_2,4} \times 1.67 = 997.92 \times 1.67 \approx 1666.53\,(\text{g}) \tag{3-12}$$

液氧与 CO_2 气体的相变换热时间为

$$t = \frac{m_{O_2,4}}{m_{液氧}} \approx \frac{1666.53}{316.9} \approx 5.26\,(\text{s}) \tag{3-13}$$

（2）其他工况

1）内燃机转速为 2300r/min。

① 内燃机转速为 2300r/min，节气门全开，负荷为 100%，运行时间为 2min，则

$$V_{尾气} = \frac{2300}{2} \times 1.8 = 2070\,(\text{L/min})$$

在标准状态下，换算成物质的量，即尾气的量为

$$n_{尾气} = \frac{V_{尾气}}{V_{\text{m}}} = \frac{2070}{22.4} \approx 92.41\,(\text{mol/min})$$

由式 3-5 可知，所需 O_2 的量为

$$n_{O_2} = n_{尾气} \times 21\% \approx 92.41 \times 21\% \approx 19.41\,(\text{mol/min})$$

CO_2 的量为

$$n_{CO_2} = \frac{2 \times 8}{25} \times n_{O_2} \approx \frac{16}{25} \times 19.41 \approx 12.42\,(\text{mol/min})$$

从而计算出尾气中 CO_2 的排放量为

$$V_{CO_2} = n_{CO_2} \times V_{\text{m}} \approx 12.42 \times 22.4 \approx 278.21\,(\text{L/min})$$

尾气中生成的 CO_2 的质量为

$$m_{CO_2,4} = M_{CO_2} \times n_{CO_2} \times 2 \approx 44 \times 12.42 \times 2 = 1092.96\,(\text{g})$$

固化该质量的 CO_2 气体所需的液氧质量为

$$m_{O_2,4} = m_{CO_2,4} \times 1.67 = 1092.96 \times 1.67 \approx 1825.24\,(\text{g})$$

液氧与 CO_2 气体的相变换热时间为

$$t = \frac{m_{O_2,4}}{m_{液氧}} \approx \frac{1825.24}{316.9} \approx 5.76\,(\text{s})$$

② 当转速为 2300r/min，负荷为 25% 时：

$$m_{CO_2,4} = M_{CO_2} \times n_{CO_2} \times 2 \times 0.25 \approx 44 \times 12.42 \times 2 \times 0.25 = 273.24\,(\text{g})$$

固化该质量的 CO_2 气体所需的液氧质量为

$$m_{O_2,4} = m_{CO_2,4} \times 1.67 = 273.24 \times 1.67 \approx 456.31\,(\text{g})$$

液氧与 CO_2 气体的相变换热时间为

$$t = \frac{m_{O_2,4}}{m_{液氧}} = \frac{456.31}{316.9} \approx 1.44\,(\text{s})$$

③　当转速为 2300r/min，负荷为 50% 时：

$$m_{CO_2,4} = M_{CO_2} \times n_{CO_2} \times 2 \times 0.5 = 44 \times 12.42 \times 2 \times 0.5 = 546.48\,(\text{g})$$

固化该质量的 CO_2 气体所需的液氧质量为

$$m_{O_2,4} = m_{CO_2,4} \times 1.67 = 546.48 \times 1.67 \approx 912.62\,(\text{g})$$

液氧与 CO_2 气体的相变换热时间为

$$t = \frac{m_{O_2,4}}{m_{液氧}} = \frac{912.62}{316.9} \approx 2.88\,(\text{s})$$

④　当转速为 2300r/min，负荷为 75% 时：

$$m_{CO_2,4} = M_{CO_2} \times n_{CO_2} \times 2 \times 0.75 = 44 \times 12.42 \times 2 \times 0.75 = 819.72\,(\text{g})$$

固化该质量的 CO_2 气体所需的液氧质量为

$$m_{O_2,4} = m_{CO_2,4} \times 1.67 = 819.72 \times 1.67 \approx 1368.93\,(\text{g})$$

液氧与 CO_2 气体的相变换热时间为

$$t = \frac{m_{O_2,4}}{m_{液氧}} = \frac{1368.93}{316.9} \approx 4.32\,(\text{s})$$

2）内燃机转速为 2700r/min。

①　内燃机转速为 2700r/min，节气门全开，负荷为 100%，运行时间为 2min，则

$$V_{尾气} = \frac{2700}{2} \times 1.8 = 2430\,(\text{L/min})$$

在标准状态下，换算成物质的量，即尾气的量为

$$n_{尾气} = \frac{V_{尾气}}{V_m} = \frac{2430}{22.4} \approx 108.48\,(\text{mol/min})$$

由式（3-5）可知，所需 O_2 的量为

$$n_{O_2} = n_{尾气} \times 21\% \approx 108.48 \times 21\% \approx 22.78\,(\text{mol/min})$$

CO_2 的量为

$$n_{CO_2} = \frac{2 \times 8}{25} \times n_{O_2} \approx \frac{16}{25} \times 22.78 \approx 14.58\,(\text{mol/min})$$

从而计算出尾气中 CO_2 的排放量为

$$V_{CO_2} = n_{CO_2} \times V_m \approx 14.58 \times 22.4 \approx 326.59\,(\text{L/min})$$

尾气中生成的 CO_2 的质量为

$$m_{CO_2,4} = M_{CO_2} \times n_{CO_2} \times 2 \approx 44 \times 14.58 \times 2 = 1283.04 \text{（g）}$$

固化该质量的 CO_2 气体所需的液氧质量为

$$m_{O_2,4} = m_{CO_2,4} \times 1.67 = 1283.04 \times 1.67 \approx 2142.68 \text{（g）}$$

液氧与 CO_2 气体的相变换热时间为

$$t = \frac{m_{O_2,4}}{m_{液氧}} = \frac{2142.68}{316.9} \approx 6.76 \text{（s）}$$

② 当转速为 2700r/min，负荷为 25% 时：

$$m_{CO_2,4} = M_{CO_2} \times n_{CO_2} \times 2 \approx 44 \times 14.58 \times 2 \times 0.25 = 320.76 \text{（g）}$$

固化该质量的 CO_2 气体所需的液氧质量为

$$m_{O_2,4} = m_{CO_2,4} \times 1.67 = 320.76 \times 1.67 \approx 535.67 \text{（g）}$$

液氧与 CO_2 气体的相变换热时间为

$$t = \frac{m_{O_2,4}}{m_{液氧}} = \frac{535.67}{316.9} \approx 1.69 \text{（s）}$$

③ 当转速为 2700r/min，负荷为 50% 时：

$$m_{CO_2,4} = M_{CO_2} \times n_{CO_2} \times 2 \approx 44 \times 14.58 \times 2 \times 0.5 = 641.52 \text{（g）}$$

固化该质量的 CO_2 气体所需的液氧质量为

$$m_{O_2,4} = m_{CO_2,4} \times 1.67 = 641.52 \times 1.67 \approx 1071.34 \text{（g）}$$

液氧与 CO_2 气体的相变换热时间为

$$t = \frac{m_{O_2,4}}{m_{液氧}} = \frac{1071.34}{316.9} \approx 3.38 \text{（s）}$$

④ 当转速为 2700r/min，负荷为 75% 时：

$$m_{CO_2,4} = M_{CO_2} \times n_{CO_2} \times 2 \approx 44 \times 14.58 \times 2 \times 0.75 = 962.28 \text{（g）}$$

固化该质量的 CO_2 气体所需的液氧质量为

$$m_{O_2,4} = m_{CO_2,4} \times 1.67 = 962.28 \times 1.67 \approx 1607.01 \text{（g）}$$

液氧与 CO_2 气体的相变换热时间为

$$t = \frac{m_{O_2,4}}{m_{液氧}} = \frac{1607.01}{316.9} \approx 5.07 \text{（s）}$$

3）内燃机转速为 3100r/min。

① 内燃机转速为 3100r/min，节气门全开，负荷为 100%，运行时间为 2min，则

$$V_{尾气} = \frac{3100}{2} \times 1.8 = 2790 \text{（L/min）}$$

在标准状态下，换算成物质的量，即尾气的量为

$$n_{尾气} = \frac{V_{尾气}}{V_m} = \frac{2790}{22.4} \approx 124.55 \text{（mol/min）}$$

由式（3-5）可知，所需 O_2 的量为

$$n_{O_2} = n_{尾气} \times 21\% \approx 124.55 \times 21\% \approx 26.16（mol/min）$$

CO_2 的量为

$$n_{CO_2} = \frac{2 \times 8}{25} \times n_{O_2} \approx \frac{16}{25} \times 26.16 \approx 16.74（mol/min）$$

从而计算出尾气中 CO_2 的排放量为

$$V_{CO_2} = n_{CO_2} \times V_m \approx 16.74 \times 22.4 \approx 374.98（L/min）$$

尾气中生成的 CO_2 质量为

$$m_{CO_2,4} = M_{CO_2} \times n_{CO_2} \times 2 \approx 44 \times 16.74 \times 2 = 1473.12（g）$$

固化该质量的 CO_2 气体所需的液氧质量为

$$m_{O_2,4} = m_{CO_2,4} \times 1.67 = 1473.12 \times 1.67 \approx 2460.11（g）$$

液氧与 CO_2 气体的相变换热时间为

$$t = \frac{m_{O_2,4}}{m_{液氧}} = \frac{2460.11}{316.9} \approx 7.76（s）$$

② 当转速为 3100r/min，负荷为 25% 时：

$$m_{CO_2,4} = M_{CO_2} \times n_{CO_2} \times 2 \approx 44 \times 16.74 \times 2 \times 0.25 = 368.28（g）$$

固化该质量的 CO_2 气体所需的液氧质量为

$$m_{O_2,4} = m_{CO_2,4} \times 1.67 = 368.28 \times 1.67 \approx 615.03（g）$$

液氧与 CO_2 气体的相变换热时间为

$$t = \frac{m_{O_2,4}}{m_{液氧}} = \frac{615.03}{316.9} \approx 1.94（s）$$

③ 当转速为 3100r/min，负荷为 50% 时：

$$m_{CO_2,4} = M_{CO_2} \times n_{CO_2} \times 2 \approx 44 \times 16.74 \times 2 \times 0.5 = 736.56（g）$$

固化该质量的 CO_2 气体所需的液氧质量为

$$m_{O_2,4} = m_{CO_2,4} \times 1.67 = 736.56 \times 1.67 \approx 1230.06（g）$$

液氧与 CO_2 气体的相变换热时间为

$$t = \frac{m_{O_2,4}}{m_{液氧}} = \frac{1230.06}{316.9} \approx 3.88（s）$$

④ 当转速为 3100r/min，负荷为 75% 时：

$$m_{CO_2,4} = M_{CO_2} \times n_{CO_2} \times 2 \approx 44 \times 16.74 \times 2 \times 0.75 = 1104.84（g）$$

固化该质量的 CO_2 气体所需的液氧质量为

$$m_{O_2,4} = m_{CO_2,4} \times 1.67 = 1104.84 \times 1.67 \approx 1845.08（g）$$

液氧与 CO_2 气体的相变换热时间为

$$t = \frac{m_{O_2,4}}{m_{液氧}} = \frac{1845.08}{316.9} \approx 5.82 (s)$$

（3）数值分析

通过上述的理论计算，可以得到 AJR 汽油机在 13 种不同工况运行时尾气中 CO_2 的理论生成量及固化该质量的 CO_2 气体所需的液氧量，以及液氧的通入时间。但是实际生产的收集箱，不能够保证百分百的密封，存在合理的泄漏，故实际通入的液氧量相比于理论值要多。由于在通入液氧时，液氧要通过短接的方式进入收集装置中，所以实际的液氧通入时间要比理论值长。表 3-5 为试验时收集到的 CO_2 及使用的液氧量与理论计算的对比表。

表 3-5　试验收集的 CO_2 量、消耗的液氧量及液氧通入时间与理论计算值对比

工况号	工况	CO_2 质量/g		液氧质量/g		通入时间/s	
		理论计算值	试验值	理论计算值	试验值	理论计算值	试验值
1	怠速	997.92	970.35	1666.53	1692.50	5.26	5.60
2	转速 2300r/min；负荷：25%	273.24	240.10	456.31	483.60	1.44	1.80
3	转速 2300r/min；负荷：50%	546.48	516.25	912.62	950.80	2.88	3.20
4	转速 2300r/min；负荷：75%	819.72	780.40	1368.93	1410.20	4.32	4.90
5	转速 2300r/min；负荷：100%	1092.96	1020.65	1825.24	1867.40	5.76	6.10
6	转速 2700r/min；负荷：25%	320.76	300.50	535.67	560.70	1.69	1.90
7	转速 2700r/min；负荷：50%	641.52	610.90	1071.34	1098.70	3.38	3.60
8	转速 2700r/min；负荷：75%	962.28	900.25	1607.01	1680.40	5.07	5.50
9	转速 2700r/min；负荷：100%	1283.04	1210.90	2142.68	2186.10	6.76	6.80
10	转速 3100r/min；负荷：25%	368.28	325.68	615.03	657.40	1.94	2.20
11	转速 3100r/min；负荷：50%	736.56	690.30	1230.06	1268.50	3.88	4.50
12	转速 3100r/min；负荷：75%	1104.84	1080.49	1845.08	1867.30	5.82	6.30
13	转速 3100r/min；负荷：100%	1473.12	1390.80	2460.11	2540.70	7.76	8.00

由表 3-5 中可得，试验时收集到尾气中的 CO_2 气体要比理论值低，这主要因为，尾气从发动机的排气管中出来后还要经过三元催化器和干燥器等尾气净化装置才进入收集箱内，故尾气中的 CO_2 气体含量要多于理论计算值（CO 和 HC 经三元催化器后被氧化为 CO_2 和 H_2O），但是由于焊接处和收集箱存在着一定量的泄漏，故收集到的 CO_2 量略低。试验时使用的液氧量要多于理论计算量，当开启液氧喷口将液氧喷入收集箱内时，一部分液氧已经因室温而汽化，加之收集箱存在合理泄漏，故试验时使用的液氧量要多于理论值。对于液氧的通入时间，试验值依旧要大于理论值，因为液氧在喷入收集箱内时，一部分液氧便已经汽化，如果试验时不加长喷入时间，喷入收集箱内的液氧量就要小于理论值，就不能保证与收集箱内的 CO_2 气体充分进行相变换热。

　　图 3-32 和图 3-33 为 13 个工况下 CO₂ 与液氧的理论值与试验值的对比图，由图可得，CO₂ 与液氧的对比图呈"W"折线形，这表明尾气中所生成的 CO₂ 含量随着转速和负荷的变化而变化，转速升高，CO₂ 的生成量与液氧的使用量随之升高；负荷降低，CO₂ 的生成量与液氧的使用量随之降低。

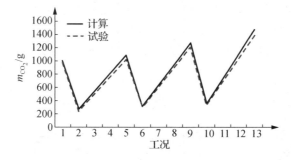

图 3-32　CO₂ 试验值与理论值对比图

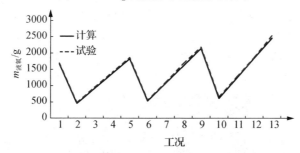

图 3-33　液氧试验值与理论值对比图

　　从图 3-32 中可得，试验时收集到的 CO₂ 质量均小于理论计算值，这主要是因为收集箱及净化装置的焊接处存在着合理的泄漏。当发动机负荷保持不变时，尾气中 CO₂ 质量随着转速的升高而增大（如 5，9，13 工况），因为转速的升高可使燃料分子与氧分子充分混合，此外缸内的涡流也会增强，有利于火焰在缸内的传播，CO 和 HC 也会充分燃烧，生成 CO₂ 和 H₂O。当转速一定时，尾气中的 CO₂ 质量随着负荷增加而增大，内燃机采用大负荷运行时（节气门全开，负荷 100%），此时燃油量增加，缸内的燃烧温度和压力增大，导致尾气中 CO₂ 含量增加，试验时收集到的 CO₂ 与计算值相差较大（如 5，9，13 工况）；当内燃机在中等偏上负荷区域（负荷 75%）时，节气门的开度有所减小，燃油量下降，尾气中的 CO₂ 含量有所降低；当内燃机在在中等以下负荷区域（负荷为 50%、25%）时，随着空燃比（混合气中空气与燃料之间的质量的比例）的变动，节气门开度减小，缸内的燃油量减少，混合气变稀，缸内的燃烧温度较低，CO₂ 生成量减少，试验时在此区域收集到的 CO₂ 与计算值相接近（如 2，3，6，7，10，11 工况），因此为了减少内燃机尾气排放的污染物，应使其在中低负荷区域运行。

从图 3-33 中可以看出，试验时所使用的液氧量多于计算值，这因为液氧从液氧罐喷出时，连接装置的高温，使液氧还未进入收集箱内便已汽化，加之收集箱有一定量的泄漏，故试验时要多喷入一定量的液氧。在试验机的高速区域和大负荷区域，使用的液氧量较多（如 4，5，8，9，12，13 工况），因为在这些区域缸内生成的 CO_2 量较多；而在高转速和低负荷区域（如 2，6，10 工况），试验时所用的液氧量和计算值相接近，此时内燃机的进气流速和温度良好，缸内残余废气系数低，易形成可燃混合气，从而减少了 CO 与 HC 的形成，降低了尾气中 CO_2 的生成量。

2. 13 种工况下收集箱内液氧和 CO_2 反应状态分析

将 AJR 内燃机的排气管与收集装置连接后，通过调试，超低温传感器正常工作，内燃机操作台显示正常，此时内燃机并未点火，转速为 0r/min，燃油压力为 0MPa，进气歧管压强为 0MPa。图 3-34 为室温下收集箱内部的温度显示，其中左侧温控仪显示的是 3 号传感器的温度，该传感器主要测量收集箱底部的温度；中间的温控仪显示的是 1 号传感器的温度，该传感器主要测量收集箱顶部的温度；右侧的温控仪显示的是 2 号传感器的温度，该传感器主要测量收集箱中间部位的温度。从图 3-34 中可以看出此时收集箱的内部温度约为 17℃。

图 3-34　室温下的收集箱内部的温度显示

（1）怠速工况

由于该试验机的怠速工况控制在 800r/min 时，内燃机的抖动太大，极易熄火，故该试验机的怠速转速控制在 1050r/min，试验时先将试验机启动，由于试验机刚启动，进气歧管和缸内的温度值相对较低，缸内空气流动较差，故需控制转速为 1050r/min 并在该转速下运行 5min 以对试验机进行暖机。待试验机工况稳定后，打开收集箱上的球阀进行尾气收集，收集时间为 4min。怠速工况下试验机的转速约为 1050r/min。图 3-35 为 AJR 汽油机在怠速工况下，收集箱内部的温度显示，由于是怠速工况，所以试验机的尾气温度较低，然而尾气排出后通过三元催化器及干燥器和消音等净化装置后，再进入收集箱内，尾气的温度会大大降低。此时在怠速工况下，收集装置中的温度约为 28.5℃。

图 3-35　怠速工况下收集箱内温度显示

　　图 3-36 为将液氧通入收集装置中后，收集箱内部的温度显示，在注入液氧时，操作人员出现了一些失误，使 2 号传感器的引线部位接触了低温液氧，从而导致 2 号温控仪出现了超额显示"EEE.E"，经检修后，2 号温控仪可以正常显示常温，无法显示低温。从 1 号和 3 号温控仪可以看出，此时收集箱内部的温度约为 $-88.25℃$，1 号传感器监测的是收集箱顶部的温度，因为顶部离液氧罐的接口最近，故顶部的温度最低；3 号传感器监测的是底部的温度，当高压液氧被喷入收集箱内时，收集箱内的压力小于喷入液氧的压力，被喷入的液氧与 $28.5℃$ 尾气接触后瞬间发生沸腾蒸发，变成收集箱内部压力的氧气，出现"闪蒸"现象，故收集箱底部的温度较高。图 3-37 为收集箱内 CO_2 固化状态，从图 3-36 可以得知，收集箱内部的温度约为 $-88.25℃$，CO_2 的沸点为 $-78.46℃$，此时收集箱内的温度已经低于 CO_2 的沸点，CO_2 开始凝华，从图 3-37 中可以看出有些白色絮状的漂浮物漂浮在收集箱内，由于收集箱内没有加压系统，因此固化的 CO_2 不会冷凝为干冰掉入收集箱底部，只会以图 3-37 中的形式悬浮在收集箱内部。

图 3-36　通入液氧后收集箱内温度显示

图 3-37　收集箱内 CO_2 固化状态

　　（2）其他工况

　　在转速为 2300r/min，负荷为 25% 时的工况下，仍需让试验机运行一段时间后再进行尾气收集，收集时间为 2min。因为转速刚到达 2300r/min 时，发动机处于瞬态工况，缸内的混合气浓度较高，缸内的燃烧温度和压力较高，会出现因缸内

"缺氧"而产生混合气不能完全燃烧，使尾气中 CO 和 HC 生成量增加的现象。图 3-38 为在转速为 2300r/min，内燃机负荷为 25%时收集箱内的温度显示，此时收集箱中的温度约为 38.6℃，由于内燃机转速的增加，空气和燃料分子混合状态较好，缸内的燃烧温度高，故试验机排放的尾气温度也随之上升。由于 2 号传感器安装在左侧中间位置，该侧与试验机的排气管相连，故 2 号传感器的温度最高。

图 3-38　转速为 2300r/min 时收集箱内温度显示

图 3-39 为将液氧喷入收集装置中，捕集箱内部的温度显示，此时收集装置中的温度约为 -83.6℃，低于怠速工况时的温度，发动机转速的大幅度增加，使试验机缸内混合气质量较好，气体涡流加强，压缩行程终点的压力和温度随之上升，此外燃烧室的壁面温度也随之升高，故燃烧后尾气的温度较高，液氧喷入收集箱内瞬时与高温 CO_2 产生相变换热反应，液氧快速吸热出现闪蒸现象，CO_2 气体发热固化。图 3-40 为收集箱内 CO_2 固化状态，此时收集箱内部的白色絮状的 CO_2 漂浮物数量低于怠速工况下的数量，这主要因为收集箱内的最低温度影响着絮状 CO_2 漂浮物的生成量，收集装置中的温度值越低，越有利于 CO_2 的凝华放热。

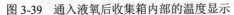

图 3-39　通入液氧后收集箱内部的温度显示　　图 3-40　收集箱内 CO_2 固化状态

在转速为 2700r/min，负荷为 25% 时的工况下，仍需让试验机在该转速下运行一段时间后再进行尾气收集，收集时间为 2min。因为转速增加到 2700r/min 时，节气门开度突然增大，会出现进气管中混合气的浓度短期稀释然后变浓的情况，过浓或过稀的混合气都会使尾气中 HC 的生成量增加。图 3-41 为在转速为 2700r/min、内燃机负荷为 25% 时收集箱内部的温度显示，此时收集箱中的温度约为 42℃，随着内燃机转速的增加，缸内的燃烧温度和压力有所降低，但此时缸内的可燃混合气质量较好，点火后混合气迅速燃烧，因此尾气的温度也随之升高。

图 3-41　转速为 2700r/min 时收集箱内部的温度显示

图 3-42 为将液氧喷入收集装置中，收集箱内部的温度显示，从图中可得，此时收集箱内的温度约为 −79.95℃，和 CO_2 的沸点较为接近。通过理论计算可知，随着转速的升高，尾气中 CO_2 的含量也随之增加，故当液氧喷入后，液氧迅速吸热汽化。因此，相比于转速为 2300r/min 时，收集箱内的温度较高。图 3-43 为收集箱内 CO_2 固化状态，虽然收集箱内 CO_2 的质量增加了，但是固化效果不如怠速工况和 2300r/min 工况，这是因为，收集箱内的温度较高，不利于 CO_2 凝华，此时固化的 CO_2 仍会以絮状物的形式漂浮在装置中。

图 3-42　通入液氧后收集箱内部的温度显示　　　　图 3-43　收集箱内 CO_2 固化状态

在转速为 3100r/min，负荷为 25% 的工况下，内燃机的转速达到 13 种工况中的最高转速，通过前面的仿真计算可得，内燃机转速越高，缸内气体涡流便越强，气缸压缩行程终点的压力和温度会随之上升，混合气质量较好，混合气被点燃后充分燃烧，尾气中 CO 和 HC 的生成量较少，CO_2 的质量分数较高，尾气温度也较高。此时同样将试验机在稳定工况下运行一段时间后再进行尾气收集，收集时间为 2min。图 3-44 为在转速为 3100r/min 时收集箱内部的温度显示，此时收集箱中的温度约为 45.2℃。

图 3-44　转速为 3100r/min 时收集箱内部的温度显示

图 3-45 为将液氧喷入收集装置中，收集箱内部的温度显示，从图中可得，此时收集箱内的温度约为 −78.05℃，略低于 CO_2 的沸点不利于 CO_2 凝华，故图 3-46 中显示的收集箱内 CO_2 固化状态中，白絮状的漂浮颗粒物明显变少。

图 3-45　通入液氧后收集箱内部的温度显示　　　图 3-46　收集箱内 CO_2 固化状态

由于篇幅原因，在其他的 9 种工况下进行的 CO_2 收集试验的温度显示图不再给出，其温度值如表 3-6 所示，其中温度 1 为收集尾气后箱内温度，温度 2 为喷入液氧后箱内温度。

表 3-6　其他 9 种工况下收集箱内部的温度　　　　　　　　　单位：℃

工况	转速：2300r/min；负荷：50%	转速：2300r/min；负荷：75%	转速：2300r/min；负荷：100%
温度 1	41.3	44	48.8
温度 2	− 85.4	− 89.24	− 92.63
工况	转速：2700r/min；负荷：50%	转速：2700r/min；负荷：75%	转速：2700r/min；负荷：100%
温度 1	44.3	46.5	51.8
温度 2	− 82.89	− 86.58	− 90.4
工况	转速：3100r/min；负荷：50%	转速：3100r/min；负荷：75%	转速：3100r/min；负荷：100%
温度 1	47.7	49.6	55.3
温度 2	− 80.26	− 84.45	− 87.6

图 3-47 为收集尾气后收集箱内的温度和通入液氧后收集箱内的温度图，从图中可知，收集尾气后收集箱内的温度主要受转速和负荷的影响，随转速和负荷增大而上升；通入液氧后的收集箱内温度，随转速的增加而上升，随负荷的增加而降低，此时温度不仅受转速和负荷的影响，还受液氧的持续通入时间的影响。

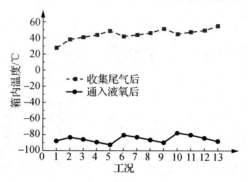

图 3-47　收集箱内的温度变化图

发动机转速的升高提高了缸内的混合气质量，使缸壁温度升高，从而使内燃机的滞燃期提前，混合气点火后迅速扩散燃烧，使缸内温度和压力瞬间上升，内燃机的后燃较小；当负荷增加时，节气门开度便会增大，缸内的可燃混合气质量增加，因此增加了内燃机的动力性，使尾气温度升高，故收集尾气后收集箱内的温度随着转速和负荷的增大而升高。当通入液氧后，液氧与尾气接触后瞬间发生沸腾蒸发，随着通入时间的增加，收集箱内温度慢慢降低。当内燃机转速较高（低负荷）时，试验机所排放的尾气的温度也较高，由于液氧的通入时间较短，故喷入液氧后收集箱内的温度相对较高（如 2，6，10 工况）；随着内燃机负荷的增加，虽然尾气的温度也随之增加，但是由于液氧的持续喷入时间加长，所以收集箱内的温度随之降低（如 2，3，4，5 工况）。

在 13 种工况下收集箱内收集尾气后的温度和通入液氧后的温度差值分别为 116.75℃、122.2℃、126.7℃、133.24℃、141.43℃、121.95℃、127.19℃、133.08℃、142.2℃、123.25℃、127.96℃、134.05℃ 和 142.9℃。随着内燃机负荷的增加，箱内的温度差值逐渐增大，这是因为随着负荷的增加，缸内可燃混合气的质量会大幅度增加，这便使缸内的混合气大量燃烧，瞬时放出大量热量，从而使尾气温度升高。在大负荷下通入液氧后，通入时间的延长使箱内的温度也大幅度降低，故通入液氧前后的温度差值较大。随着内燃机转速的增加，由 KIVA-3V 理论仿真可得缸内的气体涡流加强，这增加了缸内混合气的燃烧速率，从而使尾气的温度较高。从表 3-6 可以看出，当负荷一定时，收集箱内喷入液氧后，由于受通入时间的影响，收集箱内的温度随转速的升高而增加，所以箱内的前后温度差值不大。当转速为 3100r/min，负荷为 100% 时，收集箱内的温度差值最大，达到 142.9℃。这是因为逐渐增大试验机的转速，缸内会产生更强的涡流运动，缸内的混合气充分燃烧放热，使尾气的温度较高；当增加节气门开度增加负荷时，进气管中的喷油量增加，缸内可燃混合气质量增加，燃烧后大量放热，尾气温度升高。当通入液氧后，由于该工况下的液氧通入时间较长，故喷入液氧后收集箱内的温度较低，因此，在该工况下收集箱内的温度差值最大。同理，在怠速工况下，收集箱内的温度差值最小。

其他 9 种工况下的收集箱内 CO_2 固化状态如图 3-48 所示。

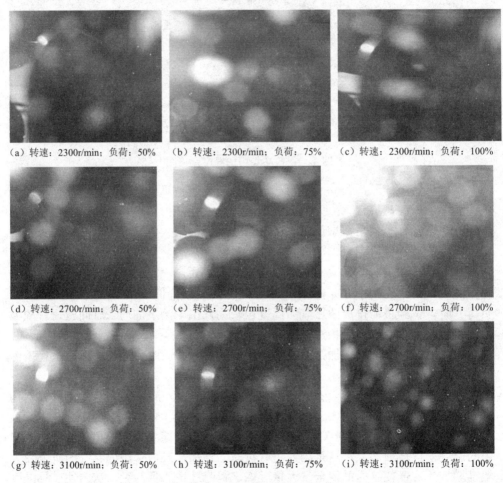

(a) 转速：2300r/min；负荷：50%　　(b) 转速：2300r/min；负荷：75%　　(c) 转速：2300r/min；负荷：100%

(d) 转速：2700r/min；负荷：50%　　(e) 转速：2700r/min；负荷：75%　　(f) 转速：2700r/min；负荷：100%

(g) 转速：3100r/min；负荷：50%　　(h) 转速：3100r/min；负荷：75%　　(i) 转速：3100r/min；负荷：100%

图 3-48　收集箱内 CO_2 固化状态

从表 3-5 中可以得知，随着内燃机转速的增加，缸内生成的 CO_2 量也增加；当转速一定时，增大内燃机的负荷，缸内生成的 CO_2 量也增加。当负荷为 50%，转速由 2300r/min 增加至 3100r/min 时，从图 3-48 中可以看出，收集箱内收集到的 CO_2 絮状漂浮物明显增多。随着转速的上升，试验机缸内的空气流动加强，在涡流的作用下，混合气可以充分燃烧，缸内 CO 和 HC 的生成量降低，CO_2 的生成量增加，从而使收集箱内收集到的 CO_2 絮状漂浮物增多。当转速一定，负荷百分比由 50% 增加至 100% 时,收集箱内的 CO_2 絮状漂浮物也随之增多,随着内燃机的负荷增加,缸内可燃混合气会增多,这便增加了收集箱内 CO_2 的生成量。当转速为 3100r/min 时,收集箱内收集到的 CO_2 絮状漂浮物的质量较好。

3. 试验总结

本章首先详细地提出了 AJR 汽油机液氧固碳试验的流程,相比于兰金循环发动机对于 CO_2 的收集流程,本流程较为实用并易于操作,在没有喷水系统的情况下通过进入进气道中的 CO_2 来模拟废气再循环系统,很好地控制了缸内的燃烧温度和压力。

本章试验对 AJR 汽油机的排气管进行了改装,首先增加了三元催化器,以此消除尾气中氮氧化物、HC 及 CO 对试验准确性的影响,其次在三元催化器的后面加入干燥器(水蒸气的吸附颗粒),以最大可能地消除水蒸气对试验的影响。

本章试验设计生产了 CO_2 的收集装置,该装置分为内外腔双层,中间采用空气隔热并计算了中间距离。为了能够监测试验时收集箱内部的温度变化,在收集箱上安装了超低温传感器,1 号传感器安装在收集箱的顶部,2 号传感器安装在收集箱的左侧中间位置,3 号传感器安装在收集箱右侧的底部位置。

为了研究不同工况对液氧固碳试验的影响,本章借助 ESC 方法,将 AJR 汽油机的燃烧工况细分为 13 种工况,怠速为第 1 种工况,其他 12 种工况对应的转速分别是 2300r/min、2700r/min、3100r/min,且对应的负荷分别为 25%、50%、75% 和 100%。

本章计算了在不同的 13 种工况下,AJR 汽油机尾气中 CO_2 的理论生成量,并得出随着转速和负荷的增加,尾气中 CO_2 生成量将增多。

本章进行了液氧固碳试验,通过试验所收集到 CO_2 质量与消耗的液氧量与理论计算值相比较得出,由于收集箱及净化装置的焊接处存在着合理的泄漏,所以试验时所收集到 CO_2 质量小于理论计算值,试验时所消耗的液氧量多于理论值。在低负荷区域通过试验收集得到的 CO_2 与计算值相接近,因此为了使内燃机所生成的尾气污染物减少,在稳态工况下应使其在中低负荷区域下运行。

在通入液氧前,收集箱内的尾气温度随转速和负荷增大而增加;通入液氧后,收集箱内的温度随着转速的增大而增加,随着负荷的增大而降低。

通入液氧后收集箱内的气态 CO_2 被冷凝为白色絮状漂浮物,而液氧发生闪蒸现象,迅速汽化为 O_2。CO_2 絮状漂浮物也随着负荷和转速的增加而增多,当转速为 3100r/min 负荷为 100% 时,收集箱内收集到的 CO_2 絮状漂浮物质量较好,从而证明内燃机液氧固碳技术是可行的。

第 4 章　O₂/CO₂ 环境下柴油着火机理

为了研究液氧固碳全封闭柴油机的着火特性，本章采用仿真模拟和试验相结合的方式展开研究。首先，建立着火模型并耦合简化机理，随后应用该着火模型对柴油在空气环境和 O_2/CO_2 环境下的着火燃烧过程进行仿真。其次，搭建定容燃烧弹可视化试验平台，对柴油在空气环境和 O_2/CO_2 环境下的着火燃烧过程进行可视化试验研究。最后，对柴油仿真模拟和试验数据进行对比分析，描述柴油在空气环境和 O_2/CO_2 环境下的着火过程；对比分析柴油在空气环境和 O_2/CO_2 环境下着火延迟时间的试验值和仿真值；比较分析柴油在空气环境和 O_2/CO_2 环境下火焰浮起长度的变化。

4.1　着火模型的建立

4.1.1　物理模型

本章的试验研究基于定容燃烧弹可视化试验平台，试验中所用的定容燃烧弹已达到美国 Sandia（桑迪亚）国家实验室"Spray A"的试验标准，其内部结构为圆柱体，半径为 150mm，高度为 560mm，喷油器位于顶端。运用 CFD 软件（KIVA-3V）来建立试验中定容燃烧弹内部燃烧室的网格，如图 4-1 所示。设置 Iprep 文件中的相关参数，通过运行 KIVA-3V 前处理器 K3PREP 就可以得到定容燃烧弹内部燃烧室网格，该网格的网格数为 33858 个，结点数为 40262 个。

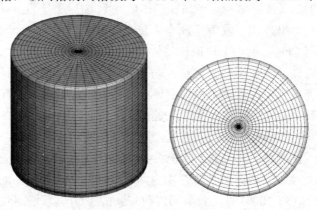

图 4-1　计算网格

由于定容燃烧弹中没有活塞和冲程的概念，因此定容燃烧弹的计算不像一般柴油机的计算那样以曲轴转角° CA 作为计时单位，而是以时间 t 作为计时单位。

KIVA-3V 程序中相关的设定参数在 itape5 文件中，基于定容燃烧弹的数值仿真需要将 itape5 文件中的曲轴转角单位转化为时间单位。在 itape5 文件中，将 Caling（喷油始点曲轴转角）和 Cading（喷油脉宽）的值设定为 − 1 来关闭以曲轴转角为单位的参数，同时设定 tling = 0.0ms 为初始喷油时刻，设定 tding = 1.5ms 为喷油脉宽。

喷油量的公式如下[37]：

$$m = C_d A_0 t \sqrt{\frac{2(P_f - P_A)}{\rho_f}} \tag{4-1}$$

$$\rho_f = 844 - 0.9(T_f - 289) \tag{4-2}$$

式中：C_d —— 喷孔流量系数；

$\quad\quad A_0$ —— 喷孔面积（m^2）；

$\quad\quad P_f$ —— 喷油压力（MPa）；

$\quad\quad P_A$ —— 气体初始压力（MPa）；

$\quad\quad \rho_f$ —— 燃料密度（g/cm^3）；

$\quad\quad T_f$ —— 初始油温（K）。

与此同时，仿真模拟过程中定容燃烧弹内进气成分为 O₂/CO₂，需要修改 itape5 文件中的 mfrac（进气成分）值，如工况为 65% O₂/35% CO₂ 时，将 mfrac 值中的 mfraco2 和 mfracco2 分别设定为 0.65 和 0.35，而其余的进气成分参数设定为 0.00。与此同时，在子模型的选择上，雾化及油粒破碎模型为 KH-RT（Kelvin Helmholtz-Rayleigh Taylor）模型[38]，该模型假定由油粒与气体间的速度差造成的 KH 波不稳定性增长来控制油束初次分裂雾化过程，能较好地模拟喷雾过程中的初次雾化和二次雾化两个阶段，大大提高了喷雾模拟的精度。蒸发模型应用 Spalding 模型[39]，该模型设定传热和传质过程基本相同。湍流流动模型为 k-ε 模型，该模型通过求解湍流动能 k 及其耗散率 ε 的微分输运方程而得出湍流输运系数。

4.1.2　化学反应动力学模型

1. 着火延迟时间公式推导

假定燃烧在理想的封闭体系下进行，设定封闭体系绝热且密度 $\rho = m/V$（m 为体系内物质质量，V 为封闭体系的体积）为定值，即燃料在均一体系下自燃，如图 4-2 所示。

设热量变化 $dq = 0$，不计摩擦力做功，由热力学第一定律可知内能不变，即

$$\frac{du}{dt} = 0 \tag{4-3}$$

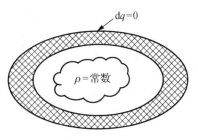

图 4-2　燃料均一体系的自燃

式中：u —— 内能（J）；

$\quad\ t$ —— 时间（s）。

因为 ρ 为常数，所以化学组分方程可写为

$$\rho \frac{\mathrm{d}Y_i}{\mathrm{d}t} = W_i \sum_{k=1}^{r} v_{ik} \omega_k \tag{4-4}$$

式中：Y_i —— 组分 i 的质量分数；

$\quad\ W_i$ —— 组分 i 的摩尔质量（kg/mol）；

$\quad\ v_{ik}$ —— 在 k 步反应中组分 i 的理想配比系数；

$\quad\ \omega_k$ —— 在 k 步反应中的反应速率 [mol/（L·s）]。

由式（4-4）可得温度方程：

$$\rho C_v \frac{\mathrm{d}T}{\mathrm{d}t} = \sum Q_{vk} \omega_k \tag{4-5}$$

式中：T —— 温度（K）；

$\quad\ C_v$ —— 固定体积中的热容；

$\quad\ Q_{vk}$ —— k 步反应中固定体积内的燃烧热（kJ/mol），且

$$Q_{vk} = \sum_{i=1}^{n} v_{ik} W_i u_i \tag{4-6}$$

其中，u_i —— 组分 i 的内能。

考虑柴油是在 O_2/CO_2 环境下而不是在正常空气中自燃，O_2 具有促进燃烧的作用，CO_2 具有阻滞燃烧作用，二者共同作用会影响反应速率。因此，定义两个参数 β_1 和 β_2，其中，β_1 表示 O_2 的促进燃烧作用，其值大于 1，β_2 表示 CO_2 的阻滞燃烧作用，其值小于 1。为了简单起见，假设的反应速率为

$$\omega = \beta_1 \beta_2 B \frac{\rho Y_F}{W_F} \frac{\rho Y_{O_2}}{W_{O_2}} \exp \frac{E}{RT} \tag{4-7}$$

式中：B —— 反应频率；

$\quad\ Y_F$ —— 油的质量分数；

$\quad\ W_F$ —— 油的摩尔质量（kg/mol）；

$\quad\ Y_{O_2}$ —— 氧气的质量分数；

$\quad\ W_{O_2}$ —— 氧气的摩尔质量（kg/mol）；

$\quad\ E$ —— 活化能（J/mol）；

$\quad\ R$ —— 空气常数 [kJ/（mol·K）]。

控制方程可简化为

$$\rho \frac{\mathrm{d}Y_i}{\mathrm{d}t} = v_i W_i \omega \tag{4-8}$$

$$\rho C_v \frac{\mathrm{d}T}{\mathrm{d}t} = Q_v \omega \tag{4-9}$$

式中：v_i —— 组分 i 的理想配比系数；

Q_v —— 固定体积内的燃烧热（kJ/mol）。

设 C_v 和 Q_v 均为常数，则用式（4-9）除以式（4-8），可得

$$\frac{C_v(T-T_0)}{Q_v} = \frac{Y_i - Y_{i0}}{v_i W_i} \tag{4-10}$$

式中：T_0 —— 起始温度；

Y_{i0} —— 起始质量分数。

假定瞬时压力不变，则温度可扩展为

$$T = T_0(1+\varepsilon y) \tag{4-11}$$

式中：ε —— 小参数；

y —— 自变量。

利用 Taylor（泰勒）展开式，可得

$$\frac{1}{T} = \frac{1}{T_0} - \frac{T-T_0}{T_0^2} = \frac{1}{T_0}(1-\varepsilon y) \tag{4-12}$$

所以式（4-7）中的指数项可扩展为

$$\exp\left(-\frac{E}{RT}\right) = \exp\left(-\frac{E}{RT_0}\right)\exp\left(-\frac{E}{RT_0}\varepsilon y\right) \tag{4-13}$$

由于前面假设 E 为大活化能而 ε 为小参数，所以可设

$$\varepsilon = \frac{RT_0}{E} \tag{4-14}$$

由式（4-11）和式（4-13），并结合式（4-9），可得

$$\frac{\mathrm{d}y}{\mathrm{d}t} = \frac{\mathrm{e}^y}{t_i} \tag{4-15}$$

着火延迟时间可定义为

$$t_i = \alpha_1\alpha_2 \frac{RT_0^2}{E}\frac{C_v}{Q_v B'}\exp\frac{E}{RT_0} \tag{4-16}$$

式中：

$$\alpha_1 = \frac{1}{\beta_1}, \quad \alpha_2 = \frac{1}{\beta_2}, \quad B' = B\frac{Y_{F,0}}{W_F}\frac{\rho Y_{O_2,0}}{W_{O_2}}$$

设定坐标转化公式为

$$x = \mathrm{e}^{-y} \tag{4-17}$$

将式（4-15）转化为

$$\frac{\mathrm{d}x}{\mathrm{d}t} = -\frac{1}{t_i} \tag{4-18}$$

设定初始条件 $t = 0$ 和 $y = 0$，则有

$$x = 1 - \frac{t}{t_i} \tag{4-19}$$

结合式（4-11）、式（4-14）和式（4-19），可得温度 T 与着火延迟时间 t_i 的关系：

$$T = T_0 - \frac{RT_0^2}{E} \ln\left(1 - \frac{t}{t_i}\right) \tag{4-20}$$

由式（4-20）可知，当 $t = t_i$ 时 T 达到极值，即热扩散达到极值，此时开始着火燃烧。

2. 柴油的表征燃料——正庚烷

柴油是由上百种烷烃、烯烃、炔烃、芳香烃和添加剂组成的混合物，全部用来计算柴油着火非常困难且不可行[40]。国际上通用的方法是用一种或几种燃料组合作为柴油的表征燃料用于柴油的计算，研究柴油的着火机理。近年来，国内外发展的柴油表征燃料主要有正庚烷[41,42]、异辛烷/正庚烷[43]、正庚烷/甲苯[44]、正癸烷/甲苯[45]、正庚烷/甲苯/十六烷[46]、丙醇/正庚烷[47]和正十二烷/间二甲苯[48]等。本章采用正庚烷（C_7H_{16}）作为柴油的表征燃料进行计算，主要原因是柴油和正庚烷的燃烧特性非常相近，如十六烷值、着火极限、低热值和 C/H 比很接近，如表 4-1 所示，因此用正庚烷来研究柴油的着火特性是比较适合的。国外的 Hasan 等[49]采用正庚烷（n-heptane）来作为柴油的表征燃料，进行柴油的着火计算。国内苏万华[50]院士开发的 SKLE 模型（askeletal chemical kinetic modol for n-heptane，正庚烷化学反应动力学简化模型）同样采用正庚烷（C_7H_{16}）来进行柴油着火计算，其计算结果和试验结果的对比得到了一定的认可。

表 4-1 柴油和正庚烷的燃烧特性

特性＼燃料	柴油	正庚烷（C_7H_{16}）
十六烷值	53	56
着火极限/（体积分数，%）	1.5～7.6	1.2～6.7
低热值/（kJ/kg）	42700	48000
C/H 比	0.44	0.53

3. 柴油表征燃料着火机理

用柴油表征燃料进行柴油着火计算需要确定表征燃料的化学反应机理主要方法有一步法、简化化学反应机理法和详细化学反应机理法，这些方法能够反映出各种组分的变化历程。以前常用一步法计算柴油着火和燃烧，随着计算机技术的发展，计算柴油着火则大多采用简化和详细化学反应机理法。详细化学反应机理

法能够清楚地反映出柴油表征燃料所有组分的变化历程，但方程太多导致运算量
太大，加上柴油机计算域边界的不规则（复杂的燃烧室形状），以及柴油机中进行
的化学反应速率同时受到湍流输送、分子扩散和化学动力学三方面因素的影响，
使目前采用详细化学反应机理法计算柴油表征燃料的着火和燃烧不太现实。简化
化学的应机理法是由详细化学反应机理法得来的简化模型，因其计算量小、误差
较低而受到广大研究者的青睐。例如，Neshat 等[51]通过用含 57 种组分及 290 种
反应的简化机理模拟正庚烷的着火燃烧过程，来研究重整气体的加入对 HCCI 增
压发动机燃烧性能和排放特性的影响；Maroteaux 等[52]构建了两个正庚烷简化机
理（19 种组分 18 个反应和 14 种组分 13 个反应）来模拟发动机的两级点火过程。

　　本章采用的化学反应动力学机理基于威斯康星大学麦迪逊分校（University of
Wisconsin-Madison）的 Ra 等[53]发提出的基础表征燃料（primary reference fuels，PRF）
简化机理，该机理考虑了过氧氢自由基（HO₂）链传播反应和过氧化氢（H₂O₂）链支
化反应的依赖关系，加强了机理的准确性。该机理包含的表征燃料有正庚烷（C₇H₁₆）
及异辛烷（C₈H₁₈），实际仿真模拟过程中采用的是正庚烷（C₇H₁₆）的简化机理。Ra
等的 PRF 简化机理中正庚烷（C₇H₁₆）简化机理的主体是基于 Curran 等[54]提出的正
庚烷详细机理简化而来的，其中涉及的低碳数组分的反应途径基于 Patel 等[55]提出
的简化机理，同时为了提高该反应机理的性能，又对反应路线进行了一些改进，在
该反应机理中又添加了 5 种组分，即 C_2H_6、CH_2CO、CH_2CHO、CH_3O_2 和 CH_3O_2H。

　　Ra 等的 PRF 简化机理有 142 步化学反应，含有 47 种化学组分，分别如下：

$n\text{-}C_7H_{16}$	O_2	N_2	CO_2	H_2O
CO	H_2	OH	H_2O_2	HO_2
H	O	CH_3O	CH_2O	HCO
CH_2	CH_3	CH_4	C_2H_2	C_2H_3
C_2H_4	C_2H_5	C_3H_4	C_3H_5	C_3H_6
C_3H_7	C_7H_{15}	$C_7H_{15}O_2$	$C_5H_{11}CO$	$i\text{-}C_8H_{18}$
C_8H_{17}	$C_8H_{17}OO$	$C_6H_{13}CO$	C_4H_9	C_2H_6
CH_2CHO	CH_2CO	CH_3O_2	CH_3O_2H	NO_x
N	N_2O	NO	NO_2	CH_2CHO
CH_2CO	CH_3O_2			

4.2　O₂/CO₂ 环境下柴油在定容燃烧弹内的着火试验与仿真计算

　　着火模型建立完成后，根据不同的进气组分设计 5 种工况来进行仿真模拟，

如表 4-2 所示。同时 5 种工况的变量仅为进气组分，其他的参数设定相同。每种工况进行一次仿真模拟，计算结束后将数据导出并进行整理。

表 4-2　仿真分组

仿真分组	进气组分
工况 1	空气（78% N_2/21% O_2）
工况 2	53% O_2/47% CO_2
工况 3	57% O_2/43% CO_2
工况 4	61% O_2/39% CO_2
工况 5	65% O_2/35% CO_2

　　不同的环境条件下柴油的着火燃烧过程存在着相应的差异，这对柴油机的工作状态会造成一定的影响，因此研究燃油喷射压力、燃烧室温度与压力及可燃混合气成分等燃烧环境因素对柴油的着火过程的影响有重大意义。考虑到试验环境变量的可控性与试验结果的准确性与可采集性，选取定容燃烧弹试验装置来进行柴油着火试验，其可模拟柴油机在上止点处的缸内环境条件。本章将介绍试验所用定容燃烧测试系统及试验方案。

4.2.1　试验测试系统

　　本节采用的定容燃烧测试系统由定容燃烧试验装置、控制系统、冷却系统、数据结果采集系统、高压共轨供油系统五大部分组成。该测试系统可灵活改变燃烧室内环境参数，如定容燃烧室内的温度和压力，也可调整燃油喷射条件，如喷油压力与喷油脉宽及喷油次数，最后通过 CCD（charge-coupled device，电荷耦合元件）高速摄影机精确记录试验结果。图 4-3 为该测试定容燃烧测试系统的现场实物图。图 4-4 为本试验所采用的柴油喷射与燃烧光学测试平台的全局示意图，之后各节将着重介绍系统各部分的功能及工作原理。

图 4-3　定容燃烧测试系统的现场实物图

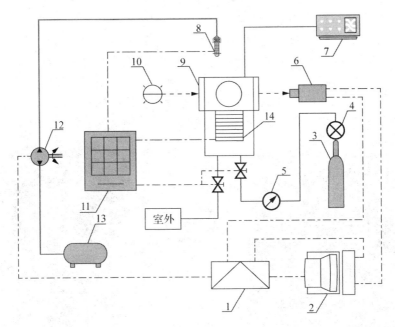

图 4-4 柴油喷射与燃烧光学测试平台的系统全局示意图

1—电子控制单元；2—控制计算机；3—进气瓶；4—压力表；5—流量表；6—CCD 高速摄影机；

7—冷水机；8—燃油喷嘴；9—定容燃烧弹；10—镝灯光源；11—电控柜；

12—高压油泵；13—油箱；14—加热瓦

1. 定容燃烧试验装置

定容燃烧试验装置是整套定容燃烧测试系统的主体核心部分，通过控制系统可以对其内部的压力与温度进行调节，以达到与柴油机缸内上止点处环境类似的工况。该装置由定容燃烧弹本体、定容燃烧弹进排气系统及定容燃烧弹温度调节系统 3 部分组成。

（1）定容燃烧弹本体

图 4-5（a）为定容燃烧弹外部结构实体图，其外形为圆筒状，外形参数为高810mm，直径530mm，从外部可以看到顶部的共轨喷油系统、弹体中上部的观察视窗及视窗周围的冷却管路。图 4-5（b）为定容燃烧弹内部结构三维模型示意图，其内部尺寸为高 560mm，直径 300mm，有效容积为 15L，为燃油的着火燃烧提供了足够的空间，保证了结果的准确性，也防止着火时产生的高温对燃烧室内耐热性较低的元件带来的损伤，提高了试验装置的使用寿命。由图 4-5 可知，定容燃烧弹本体由顶部端盖、弹体中部主体及底部端盖组成。在弹体顶部端盖布置有燃油喷油器，可外接高压共轨喷油系统，实现对燃烧室内的燃油喷射。弹体底部端盖布有进气端口与排气端口，与发动机的进排气口功能相同，进排气端口开度的大小可调，因此可以根据试验工况要求精确控制进排气量，以达到对定容燃烧室内环境压力的自由调节，燃烧室内的压力最高可达到 6MPa。在定容燃烧弹中部

主体部分靠上，布有 4 个观察视窗，在视窗上安装有可拆卸的石英玻璃，其直径为 120mm，提高了整个试验过程的可观测性，合适的观测窗口大小保证了试验结果的采集准确性。在容弹主体靠下部分安装了内部加热装置加热瓦，其加热功率为 11kW，由于燃烧室内的构造与元件的耐热性，加热瓦最高可加热到 900K，通过计算机对加热瓦的控制可以精确地调节燃烧室内的环境温度，以达到不同的试验工况要求。

（a）外部结构实体图

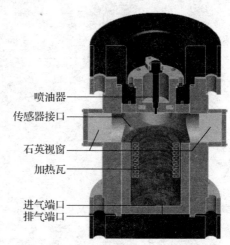

喷油器
传感器接口
石英视窗
加热瓦
进气端口
排气端口

（b）内部结构示意图

图 4-5　定容燃烧弹结构图

（2）定容燃烧弹进排气系统

图 4-6 为定容燃烧弹的进排气系统示意图，系统可分为进气支路和排气支路两部分。试验的供气端为高压气瓶，本试验中所使用的高压气瓶最高压力为 6MPa，与进气支路上的进气口端相连接。进气支路上包含手动控制进气通路与电磁控制进气通路，两条通路相互独立。在电磁控制进气通路中，通过旋转控制旋钮可以调节电磁控制阀的开度，以实现对进气量的精确控制，进而控制燃烧室内的环境压力，其精度为 0.01MPa。电磁控制阀的加入，使在离弹体较远的地方就可实现对进气参数的调节，这不仅增加了操作的准确度和可靠性，而且提高了试验过程的安全系数。排气支路与进气支路上含有的元件结构基本一致，唯一不同之处在于加入了气体冷凝器。因为试验所用的电磁控制阀与手动控制阀对热负荷承受能力较差，经弹体排出的高温废气会对控制阀的性能产生较大的影响，使其寿命有所降低，故在弹体排气口与排气控制阀门之间加入气体冷凝器来降低废气的温度，从而保证了管路的通畅，提高了安全性。最后废气经过排气管路排入外界环境，或是收集起来进行废气相关研究试验。其工作过程简单介绍如下：当系统进气时，首先保证排气支路处于关闭状态，手动开启高压气瓶 1 的开关阀，通过电子控制柜上的进气口调节旋钮控制进气电磁控制阀 3 的开度，调整进气量。当进气量达

到试验要求后，关闭进气电磁控制阀 3 与高压气瓶开关，定容燃烧弹 5 此时为封闭状态，可以进行相关试验操作。当试验完成后系统排气，首先废气通过气体冷凝器 8 以降低其内部温度，达到保护系统元件的目的；然后通过电控柜上的电磁阀控制旋钮来调整排气电磁控制阀 10 的开度，从而调整排气速度，最后将排气管连通到室外，将废气排出。

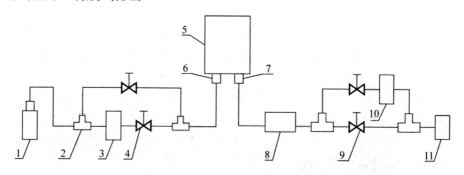

图 4-6　定容燃烧实验装置的进排气系统示意图

1—高压气瓶；2—三通；3—进气电磁控制阀；4—进气手动控制阀；5—定容燃烧弹；6—进气口；
7—排气口；8—气体冷凝器；9—排气手动控制阀；10 — 排气电磁控制阀；11—室外

（3）定容燃烧弹温度调节系统

通过定容燃烧弹内的温度调节系统可以实现对弹体内部环境温度的精确控制，控制温度精度可达到 0.1K。温度调节系统由三部分组成，分别是加热瓦、电压控制器及温度传感器。

加热瓦外形为圆筒状，紧贴于弹体内部靠下的位置。在加热瓦的内表面布有蛇形通道，通道内布有电阻值为 4.5Ω、最大功率为 11kW 的电热合金丝，与电压控制器通过电极相连。通过操纵控制台对电压控制器释放电信号，可以改变加载在电热合金丝两端的电压，从而调整电热合金丝的加热功率，以达到对弹体内部环境温度的控制。定容燃烧弹的金属外壳具有较强的热传导性，因此需要合理的保温措施来维持弹体内的温度，以达到试验环境的要求。本试验所用的定容燃烧弹采用了在弹体内壁加保温棉的措施来降低热传导性。经检测，当背景压力为一个标准大气压时，弹体内部温度从 0K 升到 900K 需 30min，当背景压力升到 3MPa 时，温度从 0K 到 900K 所需时间降为 20min。

由于定容燃烧弹的内部结构因素，加热瓦只能布置于弹体内部靠下的区域，这就会对定容燃烧弹内部温度的均匀分布产生一定的影响。在弹体内部不同径向与轴向位置各设置 3 个不同的测温点，经检测发现，轴向温度分布的差异较小，最高温差为 10K；径向温度分布差异性较大；轴线处温度比壁面处的温度高，最高温差可达 20K。由于存在温差现象，所以在试验过程中只保留壁面处的温度传感器作为温度采集点。

2．控 制 系 统

整套试验装置的控制系统由两部分构成：第 1 部分为电子控制柜，可控制定容燃烧弹内部环境参数；第 2 部分为电子控制单元（electronic control unit，ECU），可控制燃油喷射参数及试验数据的采集情况。

（1）电子控制柜

电子控制柜的主要功能是根据试验要求准确调节定容燃烧弹内部的环境温度与环境压力，以满足试验条件。电子控制柜的主要系统包括数显系统、热功率控制系统、冷却调节系统、进气与排气的电磁阀门控制系统、声光报警系统及温度与压力检测系统等。具体操作时，以 10%～20% 的加热功率先对弹体内部进行预热，防止突然以大功率加热烧断电阻丝。当弹体内部温度达到试验要求的一半时，打开进气电磁控制阀向内充气，最后通过调节加热功率与进气阀旋钮使弹体内部压力与温度达到试验所需的背景条件。

（2）电子控制单元

电子控制单元同时连接了轨压传感器、喷油嘴电磁阀、喷油泵控制阀及 CCD 高速摄影机。通过参数控制软件 ECTEK V2.0 可以实现对喷油轨压、喷油时间、喷油量与高速摄影机拍摄时间等相关参数的监控与调整，图 4-7 为电子控制单元连接示意图。在建立轨压的过程中，轨压传感器可实时监控油轨压力，通过 PID（proportion integration differentiation，比例积分微分）控制高压油泵的输出量，最终获得目标喷油压力。在进行喷油时，电子控制单元会向喷油嘴电磁阀发送喷射信号进行燃油喷射，与此同时向高速摄影机发出触发信号令其开始工作。通过电子控制单元可精确实现喷油与拍摄同步进行。

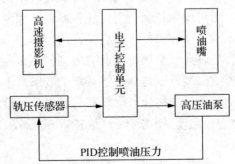

图 4-7　电子控制单元连接示意图

3．冷 却 系 统

冷却系统由冷水机和冷却水循环管路两部分构成，冷水机的冷却功率可达到 3kW，最低可将冷却液温度降至 −35℃。冷却水循环管路根据不同作用布置于弹体外部视窗区域与燃油喷射管路上。图 4-8 为冷水机实物图，图 4-9 为外部冷却水循环管路。

　　图 4-8　冷水机实物图　　　　　　　　图 4-9　外部冷却水循环管路

试验中冷却系统的作用可分为以下三个方面：

第一，保护元件。在定容燃烧弹工作过程中，其弹体内部温度最高可达到 1000K。由于弹体内的一些元件如玻璃视窗和顶部的喷油器，其热负荷耐受性差，不能长时间暴露在高温高压的环境下，否则会对其使用寿命造成较大的影响。因此，需要通过冷却系统降低燃烧弹体内部的温度，以保证各器件正常工作。

第二，保证定容燃烧弹在工作过程中的气密性。设计人员在石英玻璃与弹体外部视窗座之间安装了四氟乙烯垫片，以提高弹体的气密性。高温会对四氟乙烯垫片的物理性能产生影响，过高的温度甚至使其丧失密封作用，并且会与石英玻璃之间发生粘连，降低了石英玻璃的通透度。所以在视窗内部会布有冷却水管，并在视窗下部安装冷却水指示器，以监测冷却系统是否正常运行。

第三，冷却燃油。在一些特殊工况下需要研究柴油在低温下的燃烧特性，因此需要通过冷却系统降低柴油的温度，以达到目标工况的要求。

4. 数据结果采集系统

本试验中所用的数据采集系统用于记录在定容燃烧弹内柴油的喷射过程及着火过程，包括幻影相机控制应用（phantom camera control application，PCCA）软件系统和 CCD 高速摄影机等硬件系统。

（1）硬件系统

本数据采集系统的核心元件为一台 Phantom v7.3 系高速摄影机，由美国的 TRI 公司生产。高速摄影机的曝光时间为 20ms，拍摄速度可达到每秒 20000 帧，在燃油喷射时最高的喷射速度可达到 100m/s,故该高速摄影机足以清晰捕捉燃油喷射的过程。经检测,在拍摄柴油的喷射火焰时,设置光圈的视野参数为 256×512(长×宽),可以得到清晰的火焰图片。除了设置摄影机内部参数外,其外部参数也直接影响到火焰照片的清晰度与准确性。高速摄影机通过云台与三脚架相连,通过调整三脚架的高度与位置,以及云台的倾斜角度,使高速摄影机获得最优的拍摄位置。高速摄影机与计算机之间通过网线相连,对测试对象拍摄完毕后,可以实时地将拍摄完成的照片传输至计算机端进行保存。

（2）软件系统

本数据采集系统所采用的软件为 PCCA,与高速摄影机配套使用,通过 PCCA 可以将记录的试验结果再次调用观看,通过 PCCA 工具栏部分实现对相应结果的读取、调色与缩放等功能,软件中央区域为图片显示区,拍摄的图片将在这里显示。同时,该 PCCA 软件能够在计算机端对高速摄影机的拍摄速度、曝光时间、照片尺寸等拍照参数进行设置,最后可将试验结果以照片或是影像的方式存储在计算机端。

5. 高压共轨供油系统

本试验中所用的供油系统应用了高压共轨燃油喷射技术,其实物图如图 4-10 所示。该供油系统以德国博世公司制造的第三代高压共轨喷油系统为原型,由变频电动机、压力传感器、油箱、油管、高压油泵及控制喷嘴针阀、启动电磁阀等原件组成。在确定目标喷射压力后,即可建立实际轨压。电子控制单元向高压油泵发送电信号,使高压油泵为整个喷油系统管路进行加压,以提升油轨处的压力。高压油轨处设有压力传感器,可以实时监控其内压力值,并可将油轨处的油压信号传递至电子控制单元,电子控制单元根据该压力信号的大小对油泵进行 PID 控制,从而实现对喷油压力的调节。该套供油系统的最低喷射压力为 35MPa,最高喷射压力可达 175MPa。除了调节喷油压力外,电子控制单元还可以实现对喷油时间、喷油次数及喷油脉宽等喷油参数的修改设定,还可根据不同的工况要求,采用喷孔直径不同的喷油嘴进行工作,喷油嘴喷孔直径最小值为 0.1mm,最大值为 0.3mm。

图 4-10　供油系统实物图

4.2.2　试验方案及试验过程

1.　试验方案

柴油的着火燃烧是柴油机运行过程中最重要的环节，液氧固碳全封闭内燃机中柴油的着火环境为 O_2/CO_2，与常规柴油机的空气（78% N_2/21% O_2）运行环境不同，因此柴油的着火特性将会发生变化，这也是本节研究的重点。为此基于定容燃烧弹可视化试验平台设计了柴油在空气和不同比例的 O_2/CO_2 环境下的着火试验。

表 4-3 为相关试验项目和数据采集参数设定。其中，试验中的燃油选用常温下的柴油。定容燃烧弹内部环境温度设定为 850K，压力设定为 3MPa。试验中选用单孔的喷油器，其喷孔半径为 0.06mm，相关参数设定为喷油压力 120MPa、喷油脉宽 1.5ms 和单次喷油量 0.01g。同时设定喷油次数为 4 次，这样一次试验便可以得到 4 次柴油着火的试验数据，从而可以从这 4 次柴油着火中选出最佳试验数据。数据采集参数的设定主要由安装在控制计算机上的 PCCA 软件完成。通过 PCCA 软件远程设定高速摄影机的相关参数，其中高速摄影机的满幅摄速速率为 20000f/s，为了在保护高速摄影机的同时又最大程度地提高拍摄精度，故将摄速速率设定为 19900f/s。由于柴油喷射着火燃烧的过程非常迅速，故将曝光时间设定为 20μs，以确保高速摄影机可以准确采集到柴油的着火燃烧过程。同时由于单次喷油量较少，柴油的火焰相对较小，故将光圈的 F 值设定为 2.8，以增加进光量使拍摄的照片更加清晰。拍摄图片显示的分辨率则设定为 256×512像素。

表 4-3　试验项目和数据采集参数

项目	数值
燃油温度/K	298（常温）
容弹内环境温度/K	850
容弹内环境压力/MPa	3
喷油压力/MPa	120
喷油脉宽/ms	1.5
单次喷油量/g	0.01
喷油次数	4
摄速速率/（f/s）	19900
曝光时间/μs	20
光圈	2.8
拍摄图片分辨率/像素	256×512

　　每次试验时上述试验参数保持不变,只改变定容燃烧弹内的气体组分来进行不同的试验。根据定容燃烧弹内试验混合气的不同分为 5 个工况,如表 4-2 所示。其中工况 1(空气)为常规柴油燃烧的环境,设置工况 1 的目的是对比柴油在 O_2/CO_2 和常规空气环境下的不同之处。每个工况分别在定容燃烧弹可视化试验平台上进行一次柴油着火试验。

　　2. 试验准备阶段

　　在试验开始前,首先要检查各个试验系统是否能正常工作,以免发生安全问题或影响试验的准确度。

　　首先,检查定容燃烧弹测试平台的冷却系统是否能正常工作。因为定容燃烧弹内顶部的喷油器和弹体周围的玻璃视窗的热负荷耐受性较差,系统过热会缩短其使用寿命并影响试验精度。给冷水机通电,向弹体周围的冷水管道通入冷却液,若 4 个玻璃视窗下部的冷却指示器均开始转动工作,则说明冷却系统正常。

　　其次,检测控制喷油器喷油的电磁控制阀是否能正常工作。因为在一些试验中需要频繁更换喷油器,所以喷油器与电磁阀之间的连接容易出现问题。一般性的试验均是向燃烧弹内部充入背景气体增压并加温后再开始喷油,因此要事先检查喷油系统是否能正常工作,以免对试验带来不必要的损失。

　　最后,检测定容燃烧弹的气密性。定容燃烧弹最容易发生漏气的区域是视窗部分,一旦视窗漏气,就会造成局部失效。由于内部的高温高压瞬间会将玻璃向外挤出,容易造成财产损失,并严重威胁试验人员的人身安全,所以必须检查设备气密性。首先给整个系统通电,通过电控柜开启进气电磁控制阀门,向弹体内部打入 3MPa 压力测试气密性,待电控柜上的压力数显屏显示弹体内部压力到达 3MPa 时,关闭进气电磁阀,等待 20min。如果内部压力变化值不超过 0.1MPa 且无明显漏气声,则表示弹体气密性良好,可以开始试验。

　　3. 试验进行阶段

　　以常规进气为例说明整个试验过程。

　　(1)扫气

　　将空气瓶作为气源与定容燃烧弹进气管的一端连接,打开空气瓶阀门,此时定容燃烧弹进气门处于关闭状态。通过电控柜控制开启定容燃烧弹进气门,向定容燃烧弹内充入 1MPa 空气,并将其排除。重复上述过程,进行两次扫气,以去除定容燃烧弹内部气体及上次试验的残留气体对试验结果的影响。

　　(2)预热、充气、加热

　　扫气结束后,正式向定容燃烧弹内充气,并对弹体内部进行加热。电控柜对加热功率的可调范围是 0～100%,对应会输出 4～20mA 的电流。因为在第一次试验时弹体内部的加热瓦处于冷态，这时电阻最小，如果以 100% 的功率加热会熔断其内部的电阻丝使之失去加热功能，所以必须先对其进行预热。通常以 20%～30% 的加热功率进行预热，当弹体内部温度达到 150℃ 以上时，将加热功率上调到 40% 进行加热，并以每次 10% 的增长上调加热功率；当超过 60% 时，以 5% 的增长调整加热功率；当数显屏显示的弹体内温度非常接近目标温度时，则以 1% 的增长加热。当显示的内部温度与压力达到目标后，停止加热并关闭定容弹进口阀门。

（3）轨压建立

此时，通过计算机端控制单元 ECTEK 校准系统中的轨压控制单元给油轨加压，油轨的初始压力为 0MPa，以每次 20MPa 的增长增加油轨内部压力，直到轨压达到目标值。如果一次性将压力调到目标轨压值，会对高压共轨喷油系统内部带来较大的负担，给其内部精密元件带来一定的损伤。

（4）燃油喷射，相机拍照

轨压建立后，将镝灯开启，开始进行燃油喷射。ECTEK 系统中的喷射控制单元已将燃油喷射控制与高速摄影机的快门控制耦合在一起，输入控制信号，两者可以同时进行。

（5）试验完毕

一组试验完成后，立刻将加热系统电源关闭，并配合冷却系统加快弹体内部冷却，单次试验时间不能超过 30min，以免损坏加热系统。

4.3　数　据　分　析

4.3.1　着火模型验证

柴油在直喷式柴油机缸内的燃烧过程可分为预混燃烧过程与扩散燃烧过程。如果燃料气体与空气的混合速度高于燃烧化学反应速率，或者在火焰传达之前，燃油喷雾与空气已经混合均匀，那么对于这种混合气的燃烧称为预混燃烧。而柴油机中存在的大部分燃烧过程属于扩散燃烧，燃油在着火后被喷入缸内，处于一边混合空气形成可燃气体，一边燃烧的状态。由于在扩散着火阶段，其混合环境情况复杂，混合条件十分恶劣，既有气相混合，又有气液两相混合，所以其混合速率要低于化学反应的速率，因此在扩散燃烧阶段，其混合速率决定了燃烧速率。在完整的柴油喷雾燃烧过程中，扩散燃烧发生在预混燃烧之后，其着火区域与燃油喷嘴之间存在一定的距离，该距离称为火焰浮起长度（flame lift-off length）。柴油这类烃类燃料发生燃烧反应时不仅会产生大量的热，还会使其中的化学物质吸收能量转化为激发态。处于激发态的化学物质具有不稳定性，其中一部分可由化学发光的方式转化为基态，而另一部分则通过碰撞与淬灭的方式向基态转变。Luque[56]等学者研究发现，羟基处于激发态时具有不稳定性，在很短时间内就可由化学发光的方式向基态转变，但是其化学发光的区域可以定义高温化学反应范围的标识。Zhao 等[57]认为当羟基发生化学发光反应时，其放射出 310nm 波长所对应的位置与喷油嘴之间的距离可近似认为是火焰浮起长度。但是汪晓伟[58]研究发现这一结果并不准确，他在利用 KIVA-3V 进行仿真模拟试验时发现，对于已经确定的火焰浮起长度，其对应的羟基浓度分布云图中有部分羟基出现在火焰举升距离中的上游区域，可见利用羟基浓度来确定着火边界及火焰举升距离的方法并不准确。Tap 等[59]研究发现除羟基浓度外，还可利用火焰的等温线来定义化学反应高温区边界温度，从而确定火焰浮起长度，等温线最低温度数值应达到 2000K。Xue 等[60]研究发现可以利用 2200K 的等温线来定义化学反应高温区温度边界，其定义喷油嘴到 2200K 等温线距离为火焰浮起长度。

在本试验中利用 CCD 高速摄影机 Phantom v7.3 拍摄了定容燃烧弹燃烧室内柴油从着火到燃烧过程中的火焰传播图片。拍摄得到的火焰照片中，温度最高的区域并非最明亮火焰区。这是由于利用 CCD 技术拍摄的火焰图片由三维空间投影而成，其光强由三维辐射到二维的积分累计叠加效应所定，所以在照片中最明亮的区域并不等于温度最高的区域，因此在确定火焰温度时，在着火区域任意取点计算是不准确的。对于火焰边界区域来说，在拍摄成像过程中并没有经过三维辐射叠加效应，所以照片中火焰边缘区域的光照强度最能代表实际燃烧时该区域的燃烧光强，从而照片中该区域的着火温度也最接近于实际燃烧过程中的着火温度。为了验证模拟火焰的准确性，本节利用色温法检测与黑体辐射原理得到可近似代替实际燃烧中火焰的边界温度的试验值。随后将试验值与 KIVA-3V 仿真得出的模拟火焰的边界温度进行对比，验证了模拟所得的火焰模型的准确度，从而为今后的模拟研究打下了基础。

1. 色温法原理

色温检测方法是根据测定燃烧火焰中存在的碳烟粒子对外辐射强度来确定火焰温度的。由于柴油机缸内的燃烧方式为预混燃烧和扩散燃烧，形成燃烧火焰的主要因素是柴油在燃烧室内经过一系列物理化学变化形成的碳烟粒子的受热辐射，区域内碳烟粒子越多，火焰越明亮，并且火焰温度也越高。可见火焰亮度在一定程度上可反应燃烧的剧烈程度。

马凡华等[61]研究了火焰照片中火焰边缘的亮度值与实际火焰边缘温度之间的关系，基于黑体辐射原理，利用黑体炉与钨带灯作为人工黑体来模拟黑体光源。首先通过调整使黑体光源处于某一合适温度；然后利用 CCD 高速摄影机来获取黑体光源的彩色照片，从而得到光源照片的 R（red）、G（green）、B（blue）值，通过加权的方法可将彩色照片中的 R、G、B 值转换为灰度值 Gray，R、G、B 的比为 3：6：1，如式（4-21）；最后通过计算得到获取火焰燃烧温度的经验式（4-22），该公式也适用于柴油机。

$$Gray = 0.3 \times R + 0.59 \times G + 0.11 \times B \tag{4-21}$$

$$T = 870.875 \times Gray^{0.17671} \tag{4-22}$$

基于试验条件限制，本节应用马凡华的结果来计算火焰边界的温度，并应用图像处理软件 Photoshop CS6.0 软件对火焰图片边界处的 RGB 值进行采样操作。

2.　火焰照片边界 R、G、B 值采样

以空气对照组燃烧情况为例，打开 Photoshop CS6.0，并读取 1.6ms ASI（time after the start of injection，照片拍摄时间按燃油喷射开始后的时间为起点）柴油着火图片，如图 4-11（a）所示。观察火焰彩色图片发现，其火焰轮廓清晰度较差，这会对火焰边界处的取点造成一定困难，从而影响火焰边界 R、G、B 值的准确度。为了获取准确度较高的 R、G、B 值，本节对原始火焰彩色图片进行反相处理，如图 4-11（b）所示。观察反相图片发现，其火焰轮廓的清晰度有较大提升。利用 Photoshop CS6.0 软件中的颜色取样器工具，设置取样器取样大小为 "3×3 平均"，即该取样器除了收集取样点的 R、G、B 值外，还会收集取样点周围 8 个点的 R、G、B 值，最后将 9 个点的 R、G、B 值求平均数，结果作为取样点的 R、G、B 值。选定取样点后，再次对反相图片进行反相处理获得原始着火图片，但不同的是取样点保留了下来，单击取样点即可读取其 R、G、B 值数据。

（a）火焰燃烧图片　　　　　　　　（b）火焰反相图片

图 4-11　1.6ms ASI 火焰正反相图片

本节选取火焰图片的 5 个区域分别取点，每个区域取 4 点，图 4-12（a）为区域 2 的取样点分布情况，图 4-12（b）为其中取样点对应的信息面板，在该面板可以找到 R、G、B 值。

（a）区域 2 取样点分布情况　　　　（b）区域 2 各取样点信息

图 4-12　区域 2 的取样点分布情况及其 RGB 值

取点完毕后，记录各区域取样点的 R、G、B 值，并应用式（4-21）与式（4-22）计算火焰边界温度值，各点 R、G、B 值及温度值如表 4-4 所示。经最后计算得到火焰边界平均温度为 2270K，与实际情况较为接近。

表 4-4　各区域取样点 R、G、B 值与计算温度

区域/取样点	R	G	B	边界温度/K
1/1	210	176	116	2179
1/2	242	212	145	2247
1/3	250	227	153	2269
1/4	255	252	160	2299
2/1	253	202	143	2242
2/2	255	221	178	2270
2/3	255	253	204	2308
2/4	254	255	192	2307
3/1	254	255	190	2206
3/2	254	249	167	2296
3/3	253	244	146	2287
3/4	255	249	185	2300
4/1	254	255	167	2302
4/2	254	255	189	2306
4/3	255	251	138	2293
4/4	255	255	212	2310

续表

区域/取样点	R	G	B	边界温度/K
5/1	247	195	156	2233
5/2	249	200	161	2241
5/3	248	219	126	2254
5/4	240	216	117	2244

　　根据着火模型计算之后可得到 Otape9 文件,该文件经过 K3POST 处理后可转化为输出数据,这些数据通过可视化处理软件 Tecplot 进行编辑处理后可以得到相应的柴油燃烧火焰温度云图,温度云图中含有许多有用的信息,主要包括火焰温度的分布情况和火焰形态等。本章采用的定容燃烧弹可视化试验平台无法准确地采集到柴油火焰内部的温度数据,因此应用仿真模拟得到的火焰温度云图来研究柴油在 O₂/CO₂ 环境下燃烧的火焰温度分布情况。

　　柴油在工况 1(空气)环境下燃烧的试验与仿真火焰温度云图对比如表 4-5 所示。由对比图可知,仿真所得温度云图形状与对应试验所得火焰形状基本一致,均呈现出瓢形。这是因为柴油着火的仿真和试验都是基于定容燃烧弹进行的,而定容燃烧弹完全封闭,外部干扰小,同时定容燃烧弹内部空间大,试验条件相对稳定,这些都使仿真和试验的火焰都为具有一定对称性的瓢形。但一些科研工作者研究发现,实际柴油机工作过程中内部的火焰大多呈现出不规则的形状。例如,Huang 等[62]用非定常 RANS(Reynolds average Navier-Stokes,雷诺平均 N-S)方法对柴油机的燃烧进行了计算流体力学仿真,并修正了描述柴油机燃油喷射雾化的子模型。他们的研究结果表明,由于柴油机内部的燃烧环境十分复杂,柴油的燃烧火焰具有不对称性。与此同时,仿真得到的火焰横向长度略大于试验所得火焰的横向长度,这是因为在试验过程中,定容燃烧弹内部环境复杂,一些非试验条件因素会对试验过程产生微弱的影响,同时试验的各个系统还存在一定的系统误差,而仿真的过程是无法考虑到这些因素的。但总体来说,这些非试验条件因素及系统误差所造成的偏差非常小,仿真所得温度云图形状与对应试验所得火焰形状的吻合还是非常好的。同时,由试验的火焰图片可以看出,在 0.60ms 时,初始火焰的位置处于喷雾的中下部位,这与仿真得到的火焰温度云图结果一致,其主要原因是这部分的燃油与气体接触较早,雾化及与气体混合得更加充分。由仿真火焰云图可以看出,火焰由内向外主要分为火焰内区、火焰区和火焰外区。其中火焰区的温度最高,其外部就是火焰外区,可燃混合气的燃烧主要发生在这两个区域。随着燃烧的进行,火焰内区的面积不断减小,直到喷油结束,可燃混合气全部燃烧,火焰内区完全消失。从温度云图整体上看,火焰的最高温度基本处于 2400～2600K,与实际情况相符。

表4-5　工况 1 下火焰温度云图对比

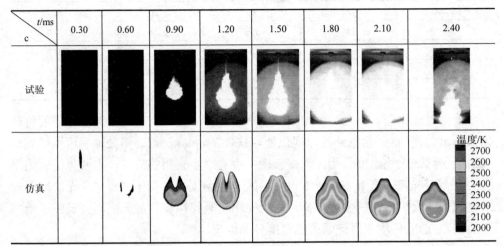

t/ms c	0.30	0.60	0.90	1.20	1.50	1.80	2.10	2.40
试验								
仿真								

注：c 为 condition（条件、情况），表 4-6～表 4-10 同此。

柴油在工况 2（53% O_2/47% CO_2）环境下燃烧的试验与仿真火焰温度云图对比如表 4-6 所示。从对比图中可以看出，仿真所得温度云图形状与对应试验所得火焰形状基本一致，在一定程度上证明了利用本章建立的着火模型计算柴油在 O_2/CO_2 环境下着火情况的准确性。由仿真温度云图可知，火焰的组成与工况 1 中一样，由火焰内区、火焰区和火焰外区组成，但工况 2 中不同时

工况 1 下火焰温度
云图对比（彩表）

刻火焰的最高温度基本处于 2400～2700K 范围内，比工况 1 中柴油火焰的最高温度略高，这说明工况 2 中柴油燃烧得更剧烈，放热更加集中。同时，火焰区呈现出环形结构，温度明显高于火焰内区，这主要是因为火焰外部区域的油气混合更充分，燃烧更加强烈。此外，着火点首先出现在喷雾的外部边缘区域，然后火焰再向喷雾内部传播，在这个过程中会不断地消耗氧气，这会使火焰内区缺氧，从而导致燃烧强度变弱，放热减少。在 0.30ms 时，仿真温度云图为一柱状图形，结合试验图片可知，该柱状图形为燃油喷射油束的温度分布情况，并不是火焰的温度分布，由于温度标尺选择为 2000～2700K，而油束的温度大约在 300K，不在温度标尺的范围内，因此其颜色默认为最低的 2000K，此时并没有着火，仍处于着火延迟阶段。在 0.60ms 时，仿真云图的温度已达到 2500K 左右，表明已经着火。随后火焰沿着喷油方向不断扩大，并向下扩散发展，与试验所得火焰的发展规律一致。初始燃烧阶段燃烧缓慢、温度升高慢且分布不均匀，可能是由于混合气中 CO_2 的质量分数较高，对燃烧的抑制效果比较明显。在 1.80ms 时，火焰温度上升很快，表明此时燃烧非常剧烈；在 2.10ms 之后，喷油已经结束，火焰燃烧剧烈程度降低，燃油不断消耗，火焰向下收缩，温度逐渐降低直到熄灭。火焰温度云图包含了柴油着火的整个过程，说明本章建立的着火模型可以很好地模拟柴油在 O_2/CO_2 环境下着火燃烧的全过程。

表 4-6　工况 2 下火焰温度云图对比

t/ms c	0.30	0.60	0.90	1.20	1.50	1.80	2.10	2.40
试验								
仿真								

温度/K
2700
2600
2500
2400
2300
2200
2100
2000

柴油在工况 3（57% O₂/43% CO₂）环境下燃烧的试验与仿真火焰温度云图对比如表 4-7 所示。从对比图中可以看出，仿真得到的温度云图形状与同时刻试验所得火焰形状基本一致，再次证明了利用本章建立的着火模型计算柴油在 O₂/CO₂ 环境下着火的准确性。同时，与工况 1 和工况 2 中的火焰温度云图相比，工况 3 中火焰内部温度分布的不规则性变大，这表明工况 3 中柴油的燃烧更加剧烈，放热迅速，燃烧不稳定性增大。同时与工况 2 相同，工况 3 中的柴油火焰的最高温度主要分布在火焰区内，其温度范围为 2400～2700K。

工况 2 下火焰温度云图对比（彩表）

表 4-7　工况 3 下火焰温度云图对比

t/ms c	0.30	0.60	0.90	1.20	1.50	1.80	2.10	2.40
试验								
仿真								

温度/K
2700
2600
2500
2400
2300
2200
2100
2000

柴油在工况 4（61% O₂/39% CO₂）环境下燃烧的试验与仿真火焰温度云图对比如

表 4-8 所示。从对比图中可以看出，仿真所得温度云图形状与对应试验所得火焰形状基本一致，再次证明了利用本章建立的着火模型计算柴油在 O_2/CO_2 环境下着火的准确性。同时，与工况 3 中的火焰温度云图相比，工况 4 中火焰内部温度分布的不规则性进一步增大，这表明工况 4 中柴油燃烧的剧烈程度较工况 3 中进一步增大，燃烧更加不稳定。

工况 3 下火焰温度云图对比（彩表）

表 4-8　工况 4 下火焰温度云图对比

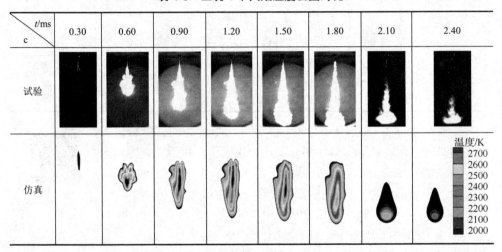

t/ms c	0.30	0.60	0.90	1.20	1.50	1.80	2.10	2.40
试验								
仿真								

温度/K
2700
2600
2500
2400
2300
2200
2100
2000

　　柴油在工况 5（65% O_2/35% CO_2）环境下燃烧的试验与仿真火焰温度云图对比如表 4-9 所示。从对比图中可以看出，仿真所得温度云图形状与对应试验所得火焰形状基本一致，进一步证明了利用本章建立的着火模型计算柴油在 O_2/CO_2 环境下着火的准确性。同时，与前 4 种工况中的火焰温度云图相比，工况 5 中火焰内部温度分布的不规则性再次增大，此时定容燃烧弹内中 O_2 的含量达到了 65%，已经形成了富氧环境，因此柴油的燃烧非常激烈，火焰内部放热的不均匀性增大。

工况 4 下火焰温度云图对比（彩表）

表 4-9　工况 5 下火焰温度云图对比

t/ms c	0.30	0.60	0.90	1.20	1.50	1.80	2.10	2.40
试验								

续表

t/ms c	0.30	0.60	0.90	1.20	1.50	1.80	2.10	2.40
仿真								

温度/K
2700
2600
2500
2400
2300
2200
2100
2000

4.3.2 柴油着火燃烧特性

1. 着火过程

工况 5 下火焰温度
云图对比（彩表）

柴油的着火过程是一个极其复杂的物理和化学过程，常规柴油机工作过程中缸内柴油的着火过程主要分为 4 个阶段，即着火延迟期、速燃期、缓燃期和后燃期。着火延迟期是正式着火前的准备阶段，这个阶段包括燃油的喷射、雾化、混合及扩散等一系列物理化学过程，在这个阶段化学反应缓慢，放热量非常低。着火延迟期是影响柴油机工作性能的重要阶段，而着火延迟时间是着火延迟期最重要的参数。柴油着火延迟期结束后马上进入速燃期，速燃期内燃烧化学反应强烈，放热量非常高，压力也急剧增大，这个过程接近于定容燃烧。随后燃烧进入缓燃期，在这个过程中，废气逐渐增多，O$_2$ 逐渐减少，燃烧速度越来越缓慢，整个燃烧过程主要的放热量就是在这个阶段产生的。缓燃期结束后燃烧进入后燃期，这个阶段燃料和 O$_2$ 消耗殆尽，燃烧基本结束，实际柴油机燃烧过程中应尽量减少后燃期，避免降低柴油机的经济性和动力性。

表 4-10 所示为初始温度为 850K、压力为 3MPa 下试验所得柴油在不同工况中的着火燃烧过程，各工况组分如表 4-2 所示。计喷油器开始喷油时刻为 0 时刻，火焰图片依照时间顺序排列。由于柴油着火燃烧过程中的着火延迟期较短，故前期图片间隔取为 0.05ms，对应的时刻为 0.30ms、0.35ms 和 0.40ms。同时由于柴油着火燃烧过程中的缓燃期较长，故火焰图片直接由 0.9ms 过渡到 1.8ms，自 0.6ms 起火焰图片时间间隔为 0.3ms。火焰图片中喷孔位于顶部中间区域，柴油向正下方喷出，喷射火焰整体位于图片中轴线区域。

表 4-10　柴油在不同工况下的着火燃烧过程

注：各工况进气组分情况见表 4-2。

从表 4-10 中可以看出，柴油在 O_2/CO_2 环境和空气环境下的着火过程相似，与常规柴油机的着火过程组成相同。例如，工况 2 中，横向观察火焰图片，前期（0.30ms 和 0.35ms）的火焰图片中可以看到清晰的燃油喷射雾柱，此时并没有着火，仍处于着火延迟期。随后出现着火点，着火初始时刻火焰亮度较低，着火点不连续，有独立的火焰出现，并且边缘处有少量的淡蓝色火焰，表明燃烧中间产物 CH_2O 的存在。同时燃烧占用的空间较小，着火点位置离喷嘴的距离比较近，表明此时柴油喷射、蒸发及雾化的程度不充分，即雾化的时间较短，与此同时淡蓝色火焰和分散的点火源也反映了柴油的预混合自燃火焰特性。前期柴油的预混合自燃结束后，随着喷油的继续，一部分柴油喷入后迅速着火燃烧，一部分柴油喷入后与气体边混合边燃烧，主要为气液两相的混合燃烧。随着燃烧的继续，火焰的整体不断向四周扩散，这反映了柴油燃烧的扩散火焰特性。在 0.60ms 之后，火焰整体的亮度分布出现差异，有亮度比较高的区域出现，即高亮区域，这表明此时火焰内部的燃烧剧烈程度不均匀，高亮区域的燃烧更加充分。随后柴油的燃烧进入缓燃期，燃烧处于相对稳定的状态。在整个缓燃期，火焰的高亮区域主要集中在喷雾轴线中间部位，远离轴线区域火焰亮度逐渐降低，这表明火焰高亮区域内喷雾与背景气体混合得更加充分，混合气反应活性较高并且变化梯度较小，火焰高亮区外混合气反应活性的不均匀性逐渐增大。在燃烧后期，柴油喷射已经结束，火焰亮度逐渐降低，喷雾轴线纵向亮度变化梯度增大，而横向亮度变化梯度减小，同时火焰开始向下收缩，随后火焰逐渐熄灭，柴油的着火燃烧过程结束。

　　由于柴油着火环境的改变，柴油的着火特性大不相同。由表 4-10 纵向观察不同工况的火焰图片，可以明显看出不同工况下着火延迟期的不同，工况 1（空气）中着火发光点在 0.60ms 时出现，而在 0.90ms 之后已经出现明亮的火焰；而工况 2～工况 5（O₂/CO₂ 环境）中，在 0.60ms 时就都已经出现了明亮的火焰，首次出现着火发光点的时刻均在 0.60ms 之前。这表明柴油在试验的 O₂/CO₂ 环境下的着火延迟期明显缩短，说明试验的 O₂/CO₂ 环境大大促进了柴油的着火过程，着火延迟期的缩短使前期柴油蒸发、雾化及油气混合的时间变短，减小了柴油预混燃烧的比例。

　2. 着火延迟时间

　　着火延迟时间是柴油着火延迟期重要的参数，对柴油机的工作性能有重要的影响，尤其是对于液氧固碳闭式循环柴油机这种新式柴油机来说意义更加重大。而通常着火延迟时间可以通过仿真和试验得到。

　　许多研究者都通过仿真模拟研究了着火延迟时间，如 Reyes 等[45]利用 50%甲苯和 50%正庚烷作为柴油的表征燃料，在油、气理想混合比（Fr = 1）和缸压为 1.35MPa 的情况下研究了着火延迟时间，并与 Peters[63]、Ciezki[64]、Guerrassi[65]和 Curran[54]等的结果进行了比较分析。Peters、Ciezki 和 Curran 利用化学动力学模型计算得到着火延迟时间-温度的"S"形曲线，Reyes 和 Guerrassi 采用类似的方法，结果也相近。Fu 等[66]解释了正庚烷在不同温度下的两阶段着火及负温度系数现象，通过研究多处雾滴及火焰内核，认为 O₂ 质量分数的降低会增大柴油的着火延迟，得到了正庚烷在一定压力下的着火延迟时间。在计算方面，本章已经对着火延迟时间的计算公式进行了理论推导，建立了着火模型并耦合了简化机理对柴油的着火进行了仿真模拟。

　　由试验获得柴油机的着火延迟时间的方法主要有缸内燃烧压力测试法、燃烧放热量测试法和初始着火点测试法。缸内燃烧压力测试法是通过检测柴油机缸内的燃烧压力，并规定从初始喷油时刻到缸内的燃烧压力迅速上升的时刻所经历的时间为着火延迟时间。燃烧放热量测试法是通过检测柴油喷入后柴油机缸内的放热量，一般规定累计放热量（放热率）达到总放热量（总放热率）的 5% 的时刻所经历的时间为着火延迟时间。初始着火点测试法一般用于光学发动机，并规定从开始喷油到第一次出现着火点所经历的时间为着火延迟时间。本章研究柴油着火的试验是在定容燃烧弹可视化试验平台上进行的，该平台上的高速摄影机可以精确采集并记录柴油的着火过程，因此采用初始着火点测试法来获取柴油在不同工况下的着火延迟时间，为此在试验中定义着火延迟时间为从初始喷油时刻到首次出现着火点的时刻所经历的时间。由试验所得的柴油在不同工况下的着火延迟时间如下：工况 1（空气）为 0.60ms；工况 2（53% O_2/47% CO_2）为 0.38ms；工况 3（57% O_2/43% CO_2）为 0.36ms；工况 4（61% O_2/39% CO_2）为 0.35ms；工况 5（65% O_2/35% CO_2）为 0.30ms。

图 4-13 所示为初始温度 850K、压力 3MPa 下，柴油在不同工况中着火延迟时间的计算值与试验值的对比图。其中图 4-13（e）包含了柴油在所有试验工况下着火延迟时间的计算值与试验值。同时为了清楚地展示柴油在不同工况下着火延迟时间的计算值与试验值的比较，设置了图 4-13（a）～（d），这 4 张图分别为柴油在工况 2～工况 5 这 4 种试验的 O_2/CO_2 环境下的着火延迟时间与空气环境下的对比图。

从图 4-13（a）～（d）中可以看出，柴油在空气环境和 O_2/CO_2 环境下的计算曲线整体变化趋势相同，均呈现出"S"形曲线的变化规律，即分为低温区、中温区和高温区，与之前研究人员的研究结果相符，如 Peters[63]、Ciezki[64] 和 Curran[54] 均通过仿真模拟得到了柴油着火延迟时间-温度的"S"形曲线。图 4-13 中在低温区和高温区柴油的着火延迟时间与温度的倒数呈正相关规律。中温区为不稳定的区域，在此区域，柴油的着火延迟时间可能随着温度升高而缩短，也可能随着温度的升高而增加，还可能随着温度的升高而不变，这一现象称为负温度系数（negative temperature coefficient，NTC）现象。这一现象的出现说明本章构建的着火模型所耦合的简化机理含有柴油表征燃料的主体化学反应路径，能够较好地反映实际的化学反应历程，从而可以很好地替代详细化学反应机理。与此同时，从图 4-13（a）～（d）中还可以看出着火延迟时间的计算值略大于试验值，但是总体与试验值基本吻合，并且其计算误差均在 10% 之内，这些都表明本章建立的着火模型可以很好地模拟柴油在试验的 4 种工况 O_2/CO_2 环境下的着火延迟期。

从图 4-13（e）中可以看出，柴油在工况 2～工况 5 这 4 种工况中的着火延迟时间曲线均处于工况 1 的计算曲线之下，说明柴油在试验的 O_2/CO_2 环境下的着火延迟时间均小于在空气环境下的着火延迟时间，这与试验得到的结果相符。这是因为 O_2/CO_2 环境下只含有 O_2 和 CO_2，尽管 CO_2 有一定的阻滞燃烧作用，但工况 2～工况 5 这 4 种工况中最低的 O_2 含量仍为 53%，较工况 1 的空气中高出了 32% 左右，最终还是形成了富氧燃烧的环境，O_2 促进燃烧的作用远远大于 CO_2 阻滞燃烧的作用，总体上促进了柴油的燃烧，从而使柴油在 O_2/CO_2 环境下的着火延迟时间缩短。同时工况 2～工况 5 的着火延迟时间曲线由高到低依次排列，即在这 4 种工况下柴油的着火延迟时间按照从工况 2～工况 5 依次降低。这说明随着 O_2/CO_2

环境下 O$_2$ 含量的不断增加，柴油的着火延迟时间随之缩短。这是因为 O$_2$ 的含量不断增加，其促进燃烧的作用进一步加强，而 CO$_2$ 的含量不断减少，其阻滞燃烧的作用进一步减弱，从而使柴油的燃烧更加迅速，着火延迟时间进一步缩短。

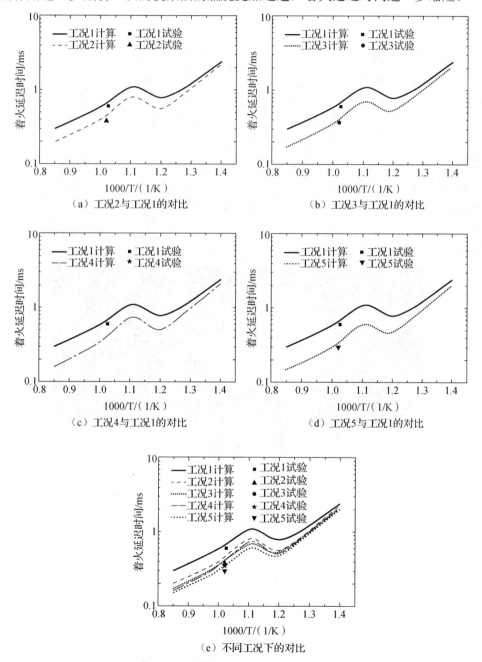

图 4-13　柴油在不同工况下着火延迟时间的计算值与试验值的对比

3. 火焰浮起长度

在柴油机工作过程中，柴油通过高压喷油器喷出后并未直接燃烧，而是经过了吸热、雾化、蒸发及油气混合等一系列过程后才开始燃烧，同时由于高压喷油器喷射的惯性力作用，可燃混合气会在远离喷油嘴的一段距离处形成，因而柴油着火后，火焰会远离喷油嘴一段距离，这段距离便叫作火焰浮起长度（lift-off length，LOL）。研究表明，火焰浮起长度是柴油着火的重要参数，对柴油机着火性能有一定的影响，尤其是对柴油燃烧过程中碳烟（soot）生成的影响作用较大。本节将对 5 个工况（见表 4-2）下柴油在试验和仿真中的火焰浮起长度进行分析。

图 4-14（a）为定容燃烧弹试验中柴油火焰浮起长度的示意图，即火焰末端边缘到喷油嘴的距离。而在仿真模拟中，以温度作为测量标准[59]，采用等温线的方法来确定柴油的火焰浮起长度。图 4-14（b）为仿真中柴油火焰浮起长度的示意图，选取 2000K 的等温线作为火焰的边缘，将喷油嘴到 2000K 等温线末端边缘的距离定义为火焰浮起长度。

试验和仿真中柴油火焰
浮起长度的对比（彩图）

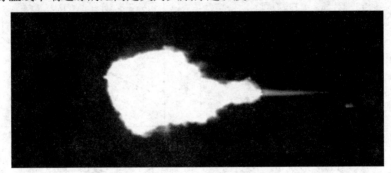

（a）试验中火焰浮起长度示意图

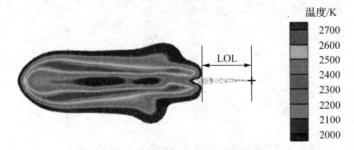

（b）仿真中火焰浮起长度示意图

图 4-14　试验和仿真中柴油火焰浮起长度的对比

图 4-15 所示为初始温度 850K、压力 3MPa 下，柴油在不同工况下火焰浮起

长度仿真值与试验值的对比图。图 4-15（a）～（e）分别为柴油在工况 1～工况 5 下火焰浮起长度的仿真值与试验值的对比。从图 4-15 中可以看出，柴油在每个工况下火焰浮起长度的仿真曲线与试验曲线基本吻合，验证了利用本章构建的着火模型计算柴油在 O$_2$/CO$_2$ 环境下着火的准确性。图 4-15（a）即工况 1（空气）中，柴油的火焰浮起长度初期随着时间的进行逐渐降低，原因是柴油喷雾出现着火点时，高压喷油的影响使柴油火焰距离喷油嘴的距离较大，随着喷油的继续，柴油的燃烧不断加剧，火焰不断扩散并逐渐向喷油嘴靠近，从而使柴油的火焰浮起长度逐渐减小。大概从 1.7ms 之后火焰浮起长度开始逐渐增加，此时喷油已结束（1.5ms），火焰开始逐渐熄灭，火焰浮起长度不断增大。而图 4-15（b）～（e）中，即工况 2～工况 5 下，柴油火焰浮起长度曲线的整体变化趋势相同，但同时又与工况 1 的变化趋势差距较大，即初期火焰的浮起长度骤然减小，这表明柴油在出现着火点后火焰迅速向喷嘴处传播，说明柴油的着火速度比工况 1 下加快了很多。随后柴油的火焰浮起长度曲线趋于稳定。一段时间后柴油的火焰浮起长度逐渐增大，这主要是因为在柴油燃烧的后期，随着喷油量的减少，火焰逐渐变小并向下收缩，使柴油火焰浮起长度增大，喷油结束后，火焰逐渐开始熄灭，柴油火焰浮起长度增大速度加快。

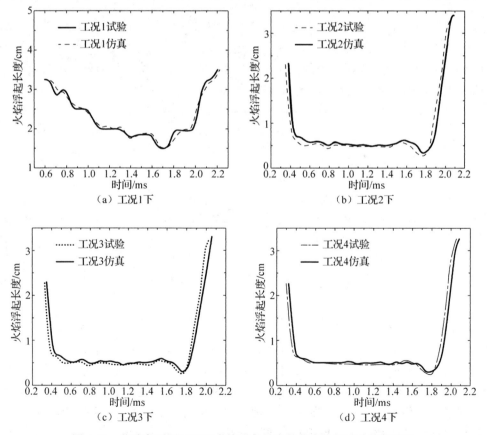

图 4-15　柴油在不同工况下火焰浮起长度的仿真值与试验值的对比

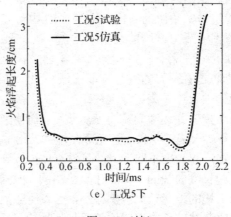

（e）工况5下

图 4-15（续）

图 4-16 所示为初始温度 850K、压力 3MPa 下，柴油在不同工况中火焰浮起长度的试验值。设置图 4-16 是为了清晰地展示柴油在不同工况下火焰浮起长度的变化趋势。从图 4-16 中可以看出，柴油在工况 2～工况 5 这 4 种工况下火焰浮起长度曲线均处于工况 1 的曲线之下，并且均超前于工况 1 下的曲线。这表明柴油火焰出现的时间在工况 2～工况 5 下均超前于工况 1，这也说明了柴油在试验的 O_2/CO_2 环境下的着火延迟时间均小于在空气环境下的着火延迟时间，这与前文着火延迟时间试验和仿真得到的结果相符合。

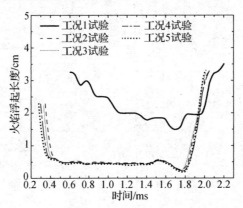

图 4-16 柴油在不同工况下火焰浮起长度的试验值

在喷油的稳定期，即 0.60～1.40ms，工况 1 下柴油火焰浮起长度基本呈线性减小的趋势，而工况 2～工况 5 下柴油火焰浮起长度基本不变，其主要原因是试验的 O_2/CO_2 环境下 O_2 的含量均高于 CO_2 的含量，O_2 促进燃烧的作用大于 CO_2 阻滞燃烧的作用，致使柴油的燃烧非常剧烈，柴油喷射、蒸发及雾化的过程缩短，从而使柴油的火焰浮起长度很短且变化不明显。比较工况 2～工况 5 下的柴油的火焰浮起长度可以看出，火焰浮起长度曲线按照工况 5、工况 4、工况 3 和工况 2 的顺序依次超前排列，这表明柴油火焰出现的时间由前到后按照工况 5、工况 4、工况 3 和工况 2 的顺序进行的，这也说明了柴油在试验的 O$_2$/CO$_2$ 环境下的着火延迟时间由小到大按照工况 5、工况 4、工况 3 和工况 2 的顺序排列，这与前文试验测得的柴油在这 4 种工况下的着火延迟时间的大小排列一致，这再次验证了利用本章构建的 KIVA-CHEMKIN 模型计算柴油在 O$_2$/CO$_2$ 环境下着火的准确性。

综上所述，与工况 1（空气）相比，柴油在工况 2～工况 5 这 4 种 O$_2$/CO$_2$ 环境下喷油稳定期内的火焰浮起长度减小，同时着火延迟时间缩短，而柴油火焰浮起长度的减小会使柴油蒸发、雾化及油气混合时间变短，混合气混合将不充分，这可能会造成碳烟的生成量增多，进而可能会影响柴油的着火性能。

第 5 章　总结与建议

5.1　主要研究工作及成果

本书对目前较先进的内燃机兰金循环的研究现状进行了展示，从循环原理的角度和经济性角度分析了兰金循环的可行性，同时分析了兰金循环存在的不足，并采用本书研究的内容将其进行了完善；设计了内燃机尾气收集装置，并进行了实际生产，弥补了对这一装置的研究空白；还进行了液氧收集尾气中的 CO_2 试验，得到了 CO_2 被液氧凝华成干冰的状态图，并通过试验验证了液氧固碳全封闭内燃机的设计是实际可行的。

本书使用 KIVA-3V 软件对柴油机燃烧数值进行模拟研究，通过改变内燃机的初温和初压及喷油持续期对内燃机燃烧进行模拟，寻找到优化内燃机燃烧的方法，并得出：

1）通过对内燃机燃烧缸内不同时刻的压力图和温度图的分析，得到了内燃机富氧燃烧时缸内压力和温度的变化趋势。

2）通过改变富氧燃烧时 O_2 的质量分数，模拟内燃机燃烧的温度峰值和压力峰值的变化，得到 O_2 的质量分数为 24% 是最佳的燃烧条件。

3）通过分析模拟得出燃烧温度峰值和压力峰值出现的曲轴转角提前的结论。由于压力峰值和温度峰值提前是不利于内燃机对外做功的，所以必须将内燃机的喷油提前角变大，才可以降低压力峰值和温度峰值过早出现的程度。

本书通过 KIVA-3V 软件对 AJR 试验机进行了建模仿真计算，在理论上证明了内燃机在 O_2/CO_2 环境下是可以运行的；分析了在不同 O_2/CO_2 质量分数下点火提前角、转速和负荷情况下的缸内燃烧特性，并得出：

1）当进气中 O_2 的质量分数较高时，内燃机的滞燃期较短，缸内形成的可燃混合气质量较好，混合气点燃后迅速扩散燃烧，使缸内燃烧温度和压力瞬间升高；当进气中适当增加一定质量分数的 CO_2 后，内燃机的滞燃期便会滞后，缸内的 CO_2 也会降低缸内的燃烧温度和压力，以此来控制缸内的燃烧速度，使内燃机恢复标准燃烧。当 O_2/CO_2 的质量分数比是 42% 是 AJR 汽油机的最优 EGR 率。

2）当保持最佳 EGR 率时，随着内燃机的点火提前角的提前，内燃机的滞燃期也会提前，缸内燃烧温度和燃烧压力增加，累积放热率也因此增加。当点火提前角过早时，缸内压力升高率较大，不利于内燃机的稳定工作；当点火提前角过晚时，内燃机的滞燃期较长，后燃较重，燃油经济性较差。当点火提前角为 15°CA

BTAC 时为 AJR 汽油机在该工况下的最佳点火提前角。

　　3）在保持最优点火提前角不变的情况下，增加内燃机的转速，缸内温度和压力呈逐渐降低的趋势。内燃机转速的升高会使内燃机缸内气体涡流变强，气缸压缩行程终点的压力和温度也随之上升，混合气质量较好，此外缸内的壁面温度也会随之升高，这些因素都使内燃机的滞燃期缩短，降低了缸内的温度和压力。当转速为 2700r/min 时为该工况下的最优转速。

　　4）在保持最佳转速不变的情况下，随着内燃机负荷的增加，在速燃期和补燃期缸内的燃烧温度也会升高。随着负荷的增加，内燃机节气门的开度将加大，缸内的充气系数上升，此时充入缸内的可燃混合气较多，残余废气系数便随着负荷的增加而降低，因此内燃机缸内点火后，火焰传播速率较快，缸内燃烧温度和燃烧压力都较大。

　　5）计算了 AJR 汽油机在不同工况下尾气中 CO_2 的生成量，结果表明，随着转速和负荷的增加，尾气中 CO_2 生成量将增多。

　　6）进行了液氧固碳试验，通过试验结果表明，试验时所收集到的 CO_2 量低于理论计算值，试验消耗的液氧量高于理论值。收集箱内所收集到的 CO_2 絮状漂浮物随着转速和负荷的增加而增多，从而证明了内燃机的液氧固碳技术是可行的。

　　本书通过仿真和试验相结合的方式，研究了液氧固碳全封闭柴油机的着火特性，提出了柴油表征燃料（正庚烷）在 O_2/CO_2 环境下的着火模型；利用流体动力学软件 KIVA-3V 的前处理器建立了以 Sandia 定容燃烧弹为原型的计算网格，修改了主程序计算输入文件 itape5 中的参数，将进气成分修改为只包含 O_2 与 CO_2，用于模拟柴油在 O_2/CO_2 背景气体下的燃烧过程，并利用色温法对比了仿真结果与试验结果，验证了计算模型的准确性；搭建了定容燃烧弹测试平台，对柴油在空气环境和 O_2/CO_2 环境下的着火燃烧进行了可视化试验，最后对柴油的着火过程、着火延迟时间和火焰浮起长度进行了仿真与试验数据的对比分析，并得到如下结论：

　　1）通过在 4 种 O_2/CO_2 环境下的着火延迟时间、火焰温度云图和火焰浮起长度的仿真与试验对比，初步证明建立的着火模型可以用来模拟柴油在 O_2/CO_2 环境下的着火过程。

　　2）柴油在 O_2/CO_2 环境下的着火燃烧过程与常规空气环境下的过程相同，包括着火延迟期、速燃期、缓燃期和后燃期，但着火特性大不相同，尤其是着火延迟时间和火焰浮起长度。

　　3）无论是在试验还是仿真中，柴油在 O_2/CO_2 环境下的着火延迟时间均小于在空气环境下的着火延迟时间，并且在不同的 O_2/CO_2 环境下，随着 O_2 占比的增大，柴油的着火延迟时间不断减小。

　　4）在不同的 O_2/CO_2 环境下，随着 O_2 占比的增大，柴油的燃烧更加剧烈，火焰内部放热不均匀性增大，燃烧稳定性降低。

5）柴油在 O_2/CO_2 环境下的火焰浮起长度明显小于空气环境下的火焰浮起长度，同时火焰浮起长度与着火延迟时间之间有着紧密的联系。

5.2　建　　议

目前，液氧固碳全封闭内燃机的理论分析工作已经展开，但细节方面的过程参数研究还有待完善，大量的试验还需要进行，对未来工作的展望如下。

1）首先收集装置的观察窗过小，不利于试验人员全方位地观察其中 CO_2 的冷凝状况；其次装置内的照明设备，影响了拍照的清晰度；最后应在装置内安装压力传感器，以此来记录液氧和 CO_2 气体在相变换热时，装置内的压力情况。

2）收集到 CO_2 絮状物只是悬浮在收集箱内，并没有变成固体干冰掉入底部，因此要保证收集箱不能有一点泄漏，且里面的温度要足够低于 CO_2 的固化温度，但是由于收集装置只能将 CO_2 封存在里面，随着时间的推移，当收集装置恢复常温后，里面的 CO_2 絮状物便重新汽化为 CO_2 气体，因此要设计更加专业的封存装置，使收集到的干冰可以随时提取应用。

3）还需进行其他混合比例 O_2/CO_2 环境下柴油的着火试验来进一步验证本书建立的着火模型的准确性。

4）还需进行大量的仿真和试验，找到柴油可以在 O_2/CO_2 环境下着火的最低 O_2 占比。

5）柴油在 O_2/CO_2 环境下和常规空气环境下的火焰浮起长度差异非常大，值得深入研究，如不同比例的 O_2/CO_2 环境对柴油火焰浮起长度和空气卷吸率的影响规律等。

6）火焰浮起长度对柴油机工作过程中碳烟的生成有一定的影响，限于试验条件，未对在 O_2/CO_2 环境下柴油的火焰浮起长度对碳烟生成的影响进行研究，这部分有待后续进行深入研究。

参 考 文 献

[1] 刘永峰，张幽彤，秦建军，等. 直喷式柴油发动机缸内三维温度场的计算与试验[J]. 机械工程学报，2007，43（2）：196-201.

[2] 赵楠，肖昌龙，张新玉. 闭式循环柴油机性能仿真研究[J]. 船舶工程，2011，33（3）：26-29.

[3] 裴普成，刘永峰. 液氧固碳零排放内燃机：ZL201010519636.9[P]. 2012-12-26.

[4] 贾和坤，刘胜吉，尹必峰，等. EGR 对轻型柴油机缸内燃烧及排放性能影响的可视化[J]. 农业工程学报，2012，28（5）：44-49.

[5] HUANG H, LIU Q, WANG Q, et al. Experimental investigation of particle emissions under different EGR ratios on a diesel engine fueled by blends of diesel/gasoline/n-butanol[J]. Energy Conversion & Management, 2016, 121(1)：212-223.

[6] HUANG H, LIU Q, SHI C, et al. Experimental study on spray, combustion and emission characteristics of pine oil/diesel blends in a multi-cylinder diesel engine[J]. Fuel Processing Technology, 2016, 153(1)：137-148.

[7] KUMAR B R, SARAVANAN S. Effect of exhaust gas recirculation (EGR) on performance and emissions of a constant speed DI diesel engine fueled with pentanol/diesel blends[J]. Fuel, 2015, 160：217-226.

[8] KUMAR B R, SARAVANAN S, RANA D, et al. Combined effect of injection timing and exhaust gas recirculation (EGR) on performance and emissions of a DI diesel engine fuelled with next-generation advanced biofuel-diesel blends using response surface methodology[J]. Energy Conversion & Management, 2016, 123(1)：470-486.

[9] DIVEKAR P S, CHEN X, TJONG J, et al. Energy efficiency impact of EGR on organizing clean combustion in diesel engines[J]. Energy Conversion & Management, 2016, 112：369-381.

[10] ZAMBONI G, MOGGIA S, CAPOBIANCO M. Hybrid EGR and turbocharging systems control for low NO_x and fuel consumption in an automotive diesel engine[J]. Applied Energy, 2016, 165：839-848.

[11] WU H W, WANG R H, CHEN Y C, et al. Influence of port-inducted ethanol or gasoline on combustion and emission of a closed cycle diesel engine[J]. Energy, 2014, 64(1)：259-267.

[12] 台卫华. 闭式循环柴油机性能试验测量及进气系统控制[D]. 哈尔滨：哈尔滨工程大学，2002.

[13] 周洪举. 闭式循环柴油机排气冷却吸收系统研究[D]. 哈尔滨：哈尔滨工程大学，2011.

[14] 李晓声. 闭式循环柴油机系统优化设计及性能研究[D]. 哈尔滨：哈尔滨工程大学，2012.

[15] ELA, ELDRAINY Y A, ELKASABY M M, et al. Effect of replacing nitrogen with helium on a closed cycle diesel engine performance[J]. Alexandria Engineering Journal, 2016, 55(3)：2251-2256.

[16] WU H W, WU Z Y, YANG J Y, et al. Combustion characteristics of a closed cycle diesel engine with different intake gas contents[J]. Applied Thermal Engineering, 2009, 29(5)：848-858.

[17] THOR M, BO E, MCKELVEY T, et al. Closed-loop diesel engine combustion phasing control based on crankshaft torque measurements[J]. Control Engineering Practice, 2014, 33：115-124.

[18] 吴志军，于潇. 基于内燃兰金循环的二氧化碳回收车用动力系统[J]. 吉林大学学报（工学版），2010，40（5）：1199-1202.

[19] 付乐中，于潇，等. 内燃兰金循环发动机试验系统开发[J]. 内燃机工程，2013，34（6）：87-92.

[20] YU X, WU Z, FU L, et al. Study of combustion characteristics of a quasi internal combustion rankine cycle engine[J]. Sae Technical Papers, 2013, 11(1)：338-344.

[21] 于潇，付乐中，邓俊，等. 喷水时刻对内燃郎肯循环燃烧及排放特性影响[J]. 同济大学学报（自然科学版），2014，42（4）：582-588.

[22] 于潇, 付乐中, 邓俊, 等. 发动机负荷对内燃郎肯循环热效率的影响[J]. 燃烧科学与技术, 2014 (6): 492-497.

[23] WU Z J, YU X, FU L Z, et al. Experimental study of the effect of water injection on the cycle performance of an internal-combustion Rankine cycle engine[J]. Proceedings of the Institution of Mechanical Engineers Part D Journal of Automobile Engineering, 2014, 228(5) : 580-588.

[24] WU Z J, YU X, FU L Z, et al. A high efficiency oxyfuel internal combustion engine cycle with water direct injection for waste heat recovery[J]. Energy, 2014, 70(3) : 110-120.

[25] 方金莉, 魏名山, 王瑞君, 等. 采用中温有机朗肯循环回收重型柴油机排气余热的模拟[J]. 内燃机学报, 2010, 28 (4): 362-367.

[26] 柴俊霖, 田瑞, 杨富斌, 等. 车用柴油机余热回收有机朗肯循环系统方案热经济性对比分析[J]. 化工学报, 2017, 68 (8): 3258-3265.

[27] 杨富斌, 董小瑞, 王震, 等. 基于有机朗肯循环的车用柴油机排气余热回收系统性能分析[J]. 车用发动机, 2015 (1): 33-38.

[28] 弋理. 内燃机以液氧固碳并无氮富氧燃烧基础研究[D]. 北京: 北京建筑大学, 2013.

[29] 刘永峰, 贾晓社, 裴普成, 等. 用液氧固碳技术的内燃机富氧燃烧数值模拟和试验[J]. 汽车安全与节能学报, 2014, 5 (1): 76-82.

[30] 石焱. 进排气全封闭内燃机富氧燃烧研究[D]. 北京: 北京建筑大学, 2016.

[31] 陈汉玉, 左承基, 王作峰, 等. O_2/CO_2 环境下柴油机燃烧特性数值模拟[J]. 农业机械学报, 2014, 45 (1): 27-33.

[32] CHEN H, ZUO C, DING H, et al. Numerical simulation on combustion processes of a diesel engine under O_2/CO_2 atmosphere[J]. Hkie Transactions, 2013, 20(3) : 157-163.

[33] 王对对, 左承基, 王作峰, 等. 无氮 (O_2/CO_2) 环境下柴油机燃烧规律的试验研究[J]. 合肥工业大学学报 (自然科学版), 2013, 36 (6): 664-666.

[34] TAN Q, HU Y. A study on the combustion and emission performance of diesel engines under different proportions of O_2 & N_2 & CO_2[J]. Applied Thermal Engineering, 2016, 108 : 508-515.

[35] LIU Y F, ZHANG Y T, XIONG Q H. Mesh generation and dynamic mesh management for KIVA-3V[J]. 北京理工大学学报 (英文版), 2009, 18 (1): 41-45.

[36] URIP E, LIEW K H, Yang S L. Modeling IC engine conjugate heat transfer using the KIVA code[J]. Numerical Heat Transfer, 2007, 52(1) : 1-23.

[37] NABER J D, SIEBERS D L. Effects of gas density and vaporization on penetration and dispersion of diesel sprays[J]. Sae Technical Papers, 1996, 105(3) : 82-111.

[38] 刘日超, 乐嘉陵, 杨顺华, 等. KH-RT 模型在横向来流作用下射流雾化过程的应用[J]. 推进技术, 2017, 38 (7): 1595-1602.

[39] SPALDING D B. Mixing and chemical reaction in steady confined turbulent flames[J]. Symposium on Combustion, 1971, 13(1) : 649-657.

[40] AN H, YANG W M, LI J, et al. Modeling study of oxygenated fuels on diesel combustion: Effects of oxygen concentration, cetane number and C/H ratio[J]. Energy Conversion & Management, 2015, 90 : 261-271.

[41] 郑亮, 肖国炜, 王建昕, 等. 正庚烷喷雾扩散火焰中碳烟体积分数的定量测量[J]. 内燃机学报, 2014 (1): 14-19.

[42] 王国情, 李玉阳, 杨玖重, 等. 不同压力下正庚烷火焰传播的实验和模型研究[J]. 燃烧科学与技术, 2016, 22 (3): 252-256.

[43] CINAR C, UYUMAZ A, SOLMAZ H, et al. Effects of intake air temperature on combustion, performance and emission characteristics of a HCCI engine fueled with the blends of 20% *n*-heptane and 80% isooctane fuels[J]. Fuel Processing Technology, 2015, 130 : 275-281.

[44] LIU J, ZHANG Y M, ZHANG Q X. The effect of mixing ratio and fuel purity on smoke and burning characteristics of *n*-heptane/toluene test fire[J]. Procedia Engineering, 2018, 211 : 463-470.

[45] REYES M, TINAUT F V, ANDRÉS C, et al. A method to determine ignition delay times for diesel surrogate fuels from combustion in a constant volume bomb: Inverse Livengood-Wu method[J]. Fuel, 2012, 102 : 289-298.

[46] WANG X, SONG C, LV G, et al. Evolution of in-cylinder polycyclic aromatic hydrocarbons in a diesel engine fueled with *n*-heptane and *n*-heptane/toluene[J]. Fuel, 2015, 158 : 322-329.

[47] 杨峥，王玥，吕兴才，等. 丙醇/正庚烷混合燃料的着火特性[J]. 燃烧科学与技术，2014（6）：498-504.

[48] PEI Y, MEHL M, LIU W, et al. A multi-component blend as a diesel fuel surrogate for compression ignition engine applications (ICEF2014-5625)[J]. Journal of Engineering for Gas Turbines & Power, 2015, 137(11) : 1-11.

[49] HASAN M M, RAHMAN M M, KADIRGAMA K, et al. Numerical study of engine parameters on combustion and performance characteristics in an *n*-heptane fueled HCCI engine[J]. Applied Thermal Engineering, 2018, 128 : 1464-1475.

[50] 黄豪中，苏万华. 正庚烷化学动力学简化模型的构建及优化[J]. 工程热物理学报，2006，27（5）：883-886.

[51] NESHAT E, SARAY R K, PARSA S. Numerical analysis of the effects of reformer gas on supercharged *n*-heptane HCCI combustion[J]. Fuel, 2017, 200 : 488-498.

[52] MAROTEAUX F. Development of a two-part *n*-heptane oxidation mechanism for two stage combustion process in internal combustion engines[J]. Combustion & Flame, 2017, 186 : 1-16.

[53] RA Y, REITZ R D. A reduced chemical kinetic model for IC engine combustion simulations with primary reference fuels[J]. Combustion & Flame, 2008, 155(4) : 713-738.

[54] CURRAN H J, GAFFURI P, PITZ W J, et al. A comprehensive modeling study of *n*-heptane oxidation[J]. Combustion & Flame, 1998, 114(1-2) : 149-177.

[55] PATEL A, KONG S C, REITZ R D. Development and validation of a reduced reaction mechanism for HCCI engine simulations[J]. Eica, 2004, 15(5) : 393-424.

[56] LUQUE J, JEFFRIES J B, SMITH G P, et al. CH(A-X) and OH(A-X) optical emission in an axisymmetric laminar diffusion flame [J].Combustion and Flame, 2000, 122 (1-2) : 172-175.

[57] ZHAO Z W, LI J, KAZAKOV A, et al. Burning velocities and a high-temperature skeletal kinetic model for *n*-decane[J]. Combustion Science and Technology, 2005, 177 (1) : 89-106.

[58] 汪晓伟. 基于 KIVA-3V 软件的柴油机火焰浮起长度的数值模拟研究[D]. 天津：天津大学，2010.

[59] TAP F A, VEYNANTE D. Simulation of flame lift-off on a diesel jet using a generalized flame surface density modeling approach[J]. Proceedings of the Combustion Institute, 2005, 30(1) : 919-926.

[60] XUE Q, BATTISTONI M, POWELL C F, et al. An Eulerian CFD model and X-ray radiography for coupled nozzle flow and spray in internal combustion engines[J]. International Journal of Multiphase Flow, 2015, 70 : 77-88.

[61] 马凡华，王宇，刘海全，等. 稀燃天然气掺氢发动机的热效率与排放特性[J]. 内燃机学报，2008，26（1）：43-49.

[62] HUANG M, GOWDAGIRI S, CESARI X M, et al. Diesel engine CFD simulations: Influence of fuel variability on ignition delay[J]. Fuel, 2016, 181 : 170-177.

[63] PETERS N, PACZKO G, SEISER R, et al. Temperature cross-over and non-thermal runaway at two-stage ignition of

n-heptane[J]. Combustion & Flame, 2002, 128(1-2) : 38-59.

[64] CIEZKI H K, ADOMEIT G. Shock-tube investigation of self-ignition of *n*-heptane-air mixtures under engine relevant conditions [J]. Combustion & Flame, 1993, 93(4) : 421-433.

[65] GUERRASSI N, CHAMPOUSSIN J C, BENHASSAINE M. Theoretical and experimental investigation of heat loss modes in DI diesel engine[J]. Anesthesiology, 1993, 120(6) : 1316-1318.

[66] FU X, AGGARWAL S K. Two-stage ignition and NTC phenomenon in diesel engines[J]. Fuel, 2015, 144 : 188-196.

附　录

附表 1　部分普通液体及气体的潜热及相变温度

物质	熔化热 / (kJ/kg)	熔点/℃	汽化热 / (kJ/kg)	沸点/℃
乙醇	108	−114	855	78.3
氨	339	−75	1369	−33.34
二氧化碳	184	−78	574	−57
氦	—	—	21	−268.93
氢	58	−259	455	−253
氮	25.7	−210	200	−196
氧	13.9	−219	213	−183
甲苯	—	−93	351	110.6
松脂	—	—	293	—
水	334	0	2260	100

附表 2　常用气体的热力性质

物质	M /(g/mol)	C_p /[kJ/(kg·K)]	$C_{p·m}$ /[J/(mol·K)]	C_v /[kJ/(kg·K)]	$C_{v·m}$ /[J/(mol·K)]
氩	39.94	0.523	20.89	0.315	12.57
氦	4.003	5.200	20.81	3.123	12.50
氢	2.016	14.32	28.86	10.19	20.55
氮	28.02	1.038	29.08	0.742	20.77
氧	32.00	0.917	29.34	0.657	21.03
一氧化碳	28.01	1.042	29.19	0.745	20.88
空气	28.97	1.004	29.09	0.718	20.78
水蒸气	18.016	1.867	33.64	1.406	25.33
二氧化碳	44.01	0.845	37.19	0.656	28.88
二氧化硫	64.07	0.644	41.26	0.514	32.94
甲烷	16.04	2.227	35.72	1.709	27.41